"十三五"职业教育系列教材

建设工程 BIM 应用基础

主　编　斯　庆

副主编　史永红　池树峰

参　编　郭文娟　包格日乐图　侯文婷

　　　　赵嘉伟　欧　山

主　审　武　霞

中国电力出版社
CHINA ELECTRIC POWER PRESS

内 容 提 要

本书为"十三五"职业教育系列教材。全书分为8章，主要内容包括BIM应用基础、Revit基本知识、Revit基础建模、Revit结构层建模、Revit楼梯和扶手建模、Revit屋顶建模、出图与打印、BIM应用案例。本书编写时理论与实践并重，基于"教、学、做"一体化，符合现代化职业能力的培养目标。本书选择了应用相对广泛的Revit软件，并结合高职院校学生的实际进行了详细的介绍，可以让学生掌握扎实的基本技能，为熟练掌握BIM类软件奠定基础。

本书可作为高职高专院校工程管理、建筑工程技术、工程造价、工程监理等专业的教材，也可供相关专业人员参考。

图书在版编目（CIP）数据

建设工程BIM应用基础/斯庆主编．—北京：中国电力出版社，2017.9（2021.5重印）
"十三五"职业教育规划教材
ISBN 978-7-5198-0818-1

Ⅰ.①建…　Ⅱ.①斯…　Ⅲ.①建筑设计—计算机辅助设计—应用软件—高等职业教育—教材　Ⅳ.①TU201.4

中国版本图书馆CIP数据核字（2017）第132750号

出版发行：中国电力出版社
地　　址：北京市东城区北京站西街19号（邮政编码100005）
网　　址：http://www.cepp.sgcc.com.cn
责任编辑：霍文婵（010—63412545）
责任校对：郝军燕
装帧设计：张俊霞　赵姗姗
责任印制：钱兴根

印　　刷：北京雁林吉兆印刷有限公司
版　　次：2017年9月第一版
印　　次：2021年5月北京第四次印刷
开　　本：787毫米×1092毫米　16开本
印　　张：9.5
字　　数：199千字
定　　价：30.00元

前　言

　　BIM 作为建筑业的新生事物，出现在我国已经有十年了。在这十年中，通过不断的推广与实践，BIM 技术的应用在不断发展。BIM（建筑信息模型）技术是一种应用于工程设计、施工、运营、管理的数据化工具，通过建筑信息模型整合项目相关的各种信息，在项目策划、建筑、运行和维护的全生命周期过程中进行共享和传递，使工程技术人员对各种建筑信息做出正确理解和高效应对，在提高生产效率、管理精细化、节约成本和缩短工期等方面发挥重要作用。

　　BIM 技术的应用价值已经得到工程实践的验证，受到政府部门的高度关注和行业的普遍认可，成为高等院校和科研院所的研究热点。建筑行业受到 BIM 技术的影响，将极大地改变原有工作方式。

　　越来越多的高校对 BIM 技术有了一定的认识，并积极进行实践，尤其是建筑类院校首当其冲。BIM 的理论和实践都在发展过程中，目前国家还没有统一的标准。因此，无论是课程学习还是工程实际，都应当理论联系实际，如果不掌握 BIM 理论，就不能有效和正确地选择 BIM 软件，不能掌握 BIM 的硬件配置，也不能建立 BIM 团队。因此，本书编写时理论与实践并重，基于"教、学、做"一体化，符合现代化职业能力的培养目标。在目前纷繁复杂的 BIM 软件中，本书选择了应用相对广泛的 Revit 软件，并结合高职院校学生的实际进行了详细介绍，可以让学生掌握扎实的基本技能，为熟练掌握 BIM 类软件奠定基础。

　　全书共分为 8 章，主要内容包括 BIM 应用基础、Revit 基本知识、Revit 基础建模、Revit 结构层建模、Revit 楼梯和扶手建模、Revit 屋顶建模、出图与打印、BIM 应用案例。

　　本书由内蒙古建筑职业技术学院斯庆任主编，内蒙古建筑职业技术学院史永红、池树峰任副主编，内蒙古建筑职业技术学院郭文娟、包格日乐图、侯文婷、赵嘉玮和内蒙古文和工程造价咨询有限公司欧山参编。其中，斯庆编写第 1 章，史永红、侯文婷共同编写第 2 章，欧山编写第 3 章，包格日乐图编写第 4 章，池树峰编写第 5 章，郭文娟编写第 6 章，赵嘉玮编写第 7 章，欧山、池树峰共同编写第 8 章。全书由斯庆负责统稿。

　　内蒙古建设集团股份公司高级工程师武霞对本书进行了审读，并提出了很多宝贵意见，在此表示感谢！

　　本书在编写过程中，参考和引用了国内外大量文献资料，在此谨向相关作者表示衷心感谢！

　　限于编者水平，书中难免存在不足和疏漏之处，敬请各位读者批评指正。

编　者

2017 年 5 月

目　录

第 1 章　BIM 应 用 基 础

学习目标

1. 了解：BIM 产生的背景以及 BIM 的应用。
2. 熟悉：什么是 BIM、BIM 的特点。
3. 掌握：Autodesk Revit Architecture 特性。

1.1　BIM　概　述

1.1.1　BIM 产生的背景

随着当今建筑业的发展，项目越来越复杂，建筑物对外观、质量、能源、环境等性能要求越来越高，但是建筑业的生产效率没有提高，原因在于建筑业的生产方式没有太大变化，还是沿用以前的生产方式进行建筑的建造。

目前建筑行业存在的主要问题是图纸，CAD 二维图纸存在很多逻辑错误，因为CAD 二维图纸之间的信息是分离的，各专业之间也是相互分离的，并且在做设计时要对建筑信息进行多次重复录入，这部分多数是由人工完成的，很容易疏忽遗漏或出错；造价和工期控制越来越严格，而频繁的错漏和设计变更，造成工期延误和该拆费用增加；而且在建筑全生命周期内，传统的信息管理模式，各阶段的过渡存在信息的丢失，期望存在一个系统来保证信息的完整性，基于 BIM 的信息管理模式，能保证信息在各阶段之间传递时的完整性。

比如北京的鸟巢，从立面上看是杂乱无章错综复杂的钢网架结构，从平面上看又是错综复杂的钢网架结构，设计师要很好地表达设计意图，以及很好地将设计意图传达给建设者，就需要三维来实现，如图 1-1 所示。

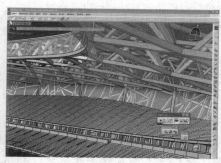

图 1-1

1.1.2 什么是 BIM

建筑信息模型（Building Information Modeling）或者建筑信息管理（Building Information Management）是以建筑工程项目的各项相关信息数据作为基础，建立起三维的建筑模型，通过数字信息仿真模拟建筑物所具有的真实信息，简称 BIM。

建筑信息模型同时又是一种应用于设计、建造、管理的数字化方法（图 1-2），这种方法支持建筑工程的集成管理环境，可以提前预演工程建设，提前发现问题并解决，显著提高效率和减少风险。

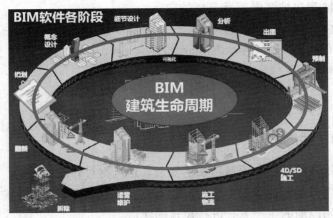

图 1-2

由于国内《建筑信息模型应用统一标准》还在编制阶段，这里暂时引用美国国家 BIM 标准（NBIMS）对 BIM 的定义，定义由三部分组成：

（1）BIM 是一个设施（建设项目）物理和功能特性的数字表达。

（2）BIM 是一个共享的知识资源，是一个分享有关这个设施的信息，为该设施从建设到拆除的全生命周期中的所有决策提供可靠依据的过程。

（3）在项目的不同阶段，不同利益相关方通过在 BIM 中插入、提取、更新和修改信息，以支持和反映其各自职责的协同作业。

小 资 料　BIM 思想的由来

1. 1975 年，Chuck Eastman，"BIM 之父"，"Building Description System" 系统。

2. 20 世纪 80 年代后，芬兰学者，"Product Information Model" 系统。

3. 1986 年，美国学者 Robert Aish，"Building Modeling"。

4. 2002 年由 Autodesk 公司提出建筑信息模型（Building Information Modeling，BIM），是对建筑设计的创新；学术研究，无法实践应用。

5. 进入 21 世纪，BIM 研究和应用得到突破性进展；随着计算机软硬件水平的迅速发展，全球三大建筑软件开发商，都推出了自己的 BIM 软件。

1.1.3　BIM 的特点

一、可视化

可视化即"所见所得"的形式，对于建筑行业来说，可视化的真正运用在建筑业的作用是非常大的，例如经常拿到的施工图纸，只是各个构件的信息在图纸上采用线条绘制表达，但是其真正的构造形式就需要建筑业参与人员去自行想象了。对于一般简单的东西来说，这种想象也未尝不可，但是近几年建筑业的建筑形式各异，复杂造型在不断推出，这种只靠人脑去想象的东西就有点不太现实。所以 BIM 提供了可视化的思路，让人们将以往线条式的构件形成一种三维的立体实物图形（图 1-3）展示在人们的面前；建筑业也有设计方面出效果图，但是这种效果图是分包给专业的效果图制作团队进行识读设计制作出的线条式信息，并不是通过构件的信息自动生成的，缺少了同构件之间的互动性和反馈性，然而 BIM 提到的可视化是一种能够同构件之间形成互动性和反馈性的可视，在 BIM 建筑信息模型中，由于整个过程都是可视化的，所以可视化的结果不仅可以用作效果图的展示及报表的生成，更重要的是项目设计、建造、运营过程中的沟通、讨论、决策都在可视化的状态下进行。

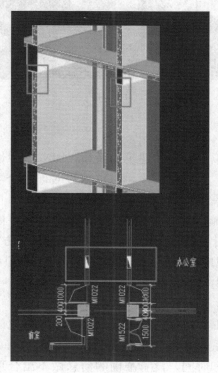

图 1-3

二、协调性

协调性是建筑业中的重点内容，不管是施工单位还是业主及设计单位，无不在做着协调及相配合的工作。一旦项目的实施过程中遇到了问题，就要将各有关人士组织起来开协调会，找各施工问题发生的原因，及解决办法，然后出变更，做相应补救措施等解决问题。在设计时，往往由于各专业设计师之间的沟通不到位，出现各种专业之间的碰撞问题，例如暖通等专业中的管道进行布置时，由于施工图纸各自绘制在各自的施工图纸上，真正施工过程中，可能在布置管线时此处有结构设计的梁等构件，妨碍管线的布置，这是施工中常遇到的碰撞问题，此类碰撞问题的协调解决只能在问题出现之后再进行解决吗？BIM 的协调性服务就可以帮助处理这类问题，也就是说 BIM 建筑信息模型可在建筑物建造前期对各专业的碰撞问题进行协调，生成协调数据。当然 BIM 的协调作用也并不是只能解决各专业间的碰撞问题（图 1-4），它还可以解决例如：电梯井布置与其他设计布置及净空要求之协调，防火分区与其他设计布置之协调，地下排水布置与其他设计布置之协调等。

图 1-4

三、模拟性

模拟性并不是只能模拟设计出的建筑物模型，BIM 模拟性还可以模拟不能够在真实世界中进行操作的事物。在设计阶段，BIM 可以对设计上需要进行模拟的状态进行模拟实验，例如流体图学模拟、节能模拟、紧急疏散模拟、日照模拟、热能传导模拟（图 1-5）等；在招投标和施工阶段可以进行 4D 模拟（三维模型加项目的发展时间），也就是根据施工的组织设计模拟实际施工，确定合理的施工方案指导施工。同时还可以进行 5D 模拟，从而来实现成本控制；后期运营阶段可以模拟日常紧急情况的处理方式的模拟，例如地震人员逃生模拟及消防人员疏散模拟等。

四、优化性

事实上整个设计、施工、运营的过程就是一个不断优化的过程，当然优化和 BIM 也不存在实质性的必然联系，但在 BIM 的基础上可以做更好的优化。优化受三样要素的制约：信息、复杂程度和时间。没有准确的信息做不出合理的优化结果，BIM 模型提供了建筑物实际存在的信息，包括几何信息、物理信息、规则信息，还提供了建筑物变化以后的实际存在。复杂程度高到一定程度，参与人员本身的能力无法掌握所有的信息，必须借助一定的科学技术和设备的帮助。现代建筑物的复杂程度大多超过参与人员本身的能力极限，BIM 及与其配套的各种优化工具提供了对复杂项目进行优化的可能。基于 BIM 的优化可以做下面的工作：

受风力及流体力学模拟

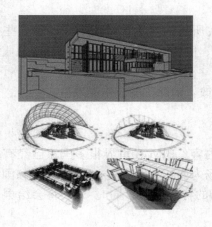

日照模拟

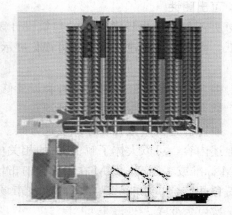

自然通风系统模拟

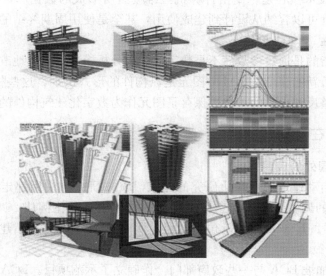

热能环境模拟

图 1-5

（1）项目方案优化：把项目设计和投资回报分析结合起来，设计变化对投资回报的影响可以实时计算出来；这样业主对设计方案的选择就不会主要停留在对形状的评价上，而更多的可以使得业主知道哪种项目设计方案更有利于自身的需求。

（2）特殊项目的设计优化：例如裙楼、幕墙、屋顶、大空间到处可以看到异型设计，这些内容看起来占整个建筑的比例不大，但是占投资和工作量的比例和前者相比却往往要大得多，而且通常也是施工难度比较大和施工问题比较多的地方，对这些内容的设计施工方案进行优化，可以带来显著的工期和造价改进。

五、可出图性

BIM 并不是为了出日常多见的建筑设计院所出的建筑设计图纸，以及一些构件加工的图纸。而是通过对建筑物进行可视化展示、协调、模拟、优化以后，帮助业主出如下图纸：

（1）综合管线图（经过碰撞检查和设计修改，消除了相应错误以后）。

（2）综合结构留洞图（预埋套管图）。

（3）碰撞检查侦错报告和建议改进方案。

由上述内容，可以大体了解 BIM 的相关内容。BIM 在世界很多国家已经有比较成熟的 BIM 标准或者制度。BIM 在中国建筑市场内要顺利发展，必须将 BIM 和国内的建筑市场特色相结合，才能够满足国内建筑市场的特色需求，同时 BIM 将会给国内建筑业带来一次巨大变革。

六、一体化性

基于 BIM 技术可进行从设计到施工再到运营贯穿了工程项目的全生命周期的一体化管理。BIM 的技术核心是一个由计算机三维模型所形成的数据库，不仅包含了建筑的设计信息，而且可以容纳从设计到建成使用，甚至是使用周期终结的全过程信息。

七、参数化性

参数化建模指的是通过参数而不是数字建立和分析模型，简单地改变模型中的参数值就能建立和分析新的模型；BIM 中图元是以构件的形式出现，这些构件之间的不同，是通过参数的调整反映出来的，参数保存了图元作为数字化建筑构件的所有信息。

1.1.4　BIM 在国内外的应用

一、BIM 在国外的应用

美国是较早启动建筑业信息化研究的国家，BIM 研究与应用都走在世界前列。根据 McGraw Hill 的调研。2012 年工程建设行业采用 BIM 的比例从 2007 年的 28% 增长到 2012 年的 71%。其中 74% 的承包商已经在实施 BIM 了，超过了建造师（70%）及机电工程师（67%）。

2011 年，新加坡 BCA 与一些政府部门合作确立了示范项目。BCA 将强制要求提交建筑 BIM 模型（2013 年起）、结构与机电 BIM 模型（2014 年起），并且最终在 2015 年前实现所有建筑面积大于 $5000m^2$ 的项目都必须提交 BIM 模型目标。BCA 于 2010 年成立了一个 600 万新币的 BIM 基金项目，鼓励新加坡的大学开设 BIM 课程、为毕业学生组织密集的 BIM 培训课程，为行业专业人士建立了 BIM 专业学位。

韩国公共采购服务中心（PPS）于2010年4月发布了BIM路线图，内容包括2010年，在1～2个大型工程项目中应用BIM；2011年，在3～4个大型工程项目中应用BIM；2012—2015年，超过5亿韩元大型工程项目都采用4D·BIM技术（3D＋成本管理）；2016年前，全部公共工程应用BIM技术。2010年12月，PPS发布了《设施管理BIM应用指南》，针对初步设计、施工图设计、施工等阶段中的BIM应用进行指导，并于2012年4月对其进行了更新。2010年1月，韩国国土交通海洋部发布了《建筑领域BIM应用指南》，土木工程领域的BIM应用指南也已立项。

二、BIM在国内企业的应用

我国的BIM应用虽然刚刚起步，但发展速度很快，许多企业有了非常强烈的BIM意识，出现了一批BIM应用的标杆项目，同时，BIM的发展也逐渐得到了政府的大力推动。

2011年5月，我国住建部发布了《2011—2015年建筑业信息化发展纲要》，2012年1月，住建部"关于印发2012年工程建设标准规范制定修订计划的通知"宣告了中国BIM标准制定工作的正式启动。前期一些大学和科研院所在BIM的科研方面也做了很多探索，如清华大学通过研究，参考NBIMS，结合调研提出了中国建筑信息模型标准框架（CBIMS）。随着企业各界对BIM的重视，大学对BIM人才培养需求渐起，部分院校成立了BIM方向的工程硕士培养。

2016年8月，住房和城乡建设部印发《2016—2020年建筑业信息化发展纲要》，其中对勘察设计类、施工类、工程总承包类企业做了具体部署，积极探索"互联网＋"，推进建筑行业的转型升级。

三、目前设计企业应用BIM的主要内容

（1）方案设计：使用BIM技术能进行造型、体量和空间分析外，还可以同时进行能耗分析和建造成本分析等，使得初期方案决策更具有科学性。

（2）扩初设计：建筑、结构、机电各专业建立BIM模型，利用模型信息进行能耗、结构、声学、热工、日照等分析，进行各种干涉检查和规范检查，以及进行工程量统计。

（3）施工图：各种平面、立面、剖面图纸和统计报表都从BIM模型中得到。

（4）设计协同：设计有十几个甚至几十个专业需要协调，包括设计计划，互提资料、校对审核、版本控制等。

（5）设计工作重心前移：目前设计师50％以上的工作量用在施工图阶段，BIM可以帮助设计师把主要工作放到方案和扩初阶段，使得设计师的设计工作集中在创造性劳动上。

四、目前施工企业应用BIM的主要内容

（1）碰撞检查，减少返工。利用BIM的三维技术在前期进行碰撞检查，直观解决空间关系冲突，优化工程设计，减少在建筑施工阶段可能存在的错误和返工，而且优化净空，优化管线排布方案。最后施工人员可以利用碰撞优化后的方案，进行施工交底、施工模拟，提高施工质量，同时也提高了与业主沟通的能力。

（2）模拟施工，有效协同。三维可视化功能再加上时间维度，可以进行进度模拟施工。随时随地直观快速地将施工计划与实际进展进行对比，同时进行有效协同，项目参建方都能对工程项目的各种问题和情况了如指掌。从而减少建筑质量问题、安全问题，减少返工和整改。利用 BIM 技术进行协同，可更加高效信息交互，加快反馈和决策后传达地周转效率。利用模块化的方式，在一个项目的 BIM 信息建立后，下一个项目可类同引用，达到知识积累，同样工作只做一次。

（3）三维渲染，宣传展示。三维渲染动画，可通过虚拟现实让客户有代入感，给人以真实感和直接的视觉冲击，配合投标演示及施工阶段调整实施方案。建好的 BIM 模型可以作为二次渲染开发的模型基础，大大提高了三维渲染效果的精度与效率，给业主更为直观的宣传介绍，在投标阶段可以提升中标几率。

（4）知识管理，保存信息模拟过程可以获取施工中不易被积累的知识和技能，使之变为施工单位长期积累的知识库内容。

五、目前运维阶段 BIM 的主要应用

（1）空间管理。空间管理主要应用在照明、消防等各系统和设备空间定位。获取各系统和设备空间位置信息，把原来编号或者文字表示变成三维图形位置，直观形象且方便查找。

（2）设施管理。设施管理主要包括设施的装修、空间规划和维护操作。美国国家标准与技术协会（NIST）于 2004 年进行了一次研究，业主和运营商在持续设施运营和维护方面耗费的成本几乎占总成本的三分之二。而 BIM 技术的特点是，能够提供关于建筑项目的协调一致的、可计算的信息，因此该信息非常值得共享和重复使用，且业主和运营商便可降低由于缺乏互操作性而导致的成本损失。此外还可对重要设备进行远程控制。

（3）隐蔽工程管理。在建筑设计阶段会有一些隐蔽的管线信息是施工单位不关注的，或者说这些资料信息可能在某个角落里，只有少数人知道。特别是随着建筑物使用年限的增加，人员更换频繁，这些安全隐患日益显得突出，有时直接导致悲剧酿成。基于 BIM 技术的运维可以管理复杂的地下管网，如污水管、排水管、网线、电线以及相关管井，并且可以在图上直接获得相对位置关系。当改建或二次装修的时候可以避开现有管网位置，便于管网维修、更换设备和定位。内部相关人员可以共享这些电子信息，有变化可随时调整，保证信息的完整性和准确性。

（4）应急管理。基于 BIM 技术的管理不会有任何盲区。公共建筑、大型建筑和高层建筑等作为人流聚集区域，突发事件的响应能力非常重要。传统的突发事件处理仅仅关注响应和救援，而通过 BIM 技术的运维管理对突发事件管理包括预防、警报和处理。通过 BIM 系统可以迅速定位设施设备的位置，避免了在浩如烟海的图纸中寻找信息，如果处理不及时，将酿成灾难性事故。

（5）节能减排管理。通过 BIM 结合物联网技术的应用，使得日常能源管理监控变得更加方便。通过安装具有传感功能的电表、水表、煤气表后，可以实现建筑能耗数据的实时采集、传输、初步分析、定时定点上传等基本功能，并具有较强的扩展性。系统还可以实现室内温湿度的远程监测，分析房间内的实时温湿度变化，配合节能运行管理。在管理系统中可以及时收集所有能源信息，并且通过开发的能源管理功能模块，对能源消耗情况进行自动统计分析，比如各区域、各户主的每日用电量，每周用电量等，并对异常能源使用情况进行警告或者标识。

1.2　Autodesk Revit 概述

1.2.1　Autodesk Revit 简介

Autodesk Revit 系列软件是由全球领先的数字化设计软件供应商 Autodesk 公司，针对建筑设计行业开发的三维参数化设计软件平台。目前以 Revit 技术平台为基础推出的专业版模块包括：Revit Architecture（Revit 建筑模块）、Revit Structure（Revit 结构模块）和 Revit MEP（Revit 设备模块——设备、电气、给排水）三个专业设计工具模块，以满足设计中各专业的应用需求。

Autodesk Revit Architecture 软件能够帮助在项目设计流程前期探究最新颖的设计概念和外观，并能在整个施工文档中忠实传达您的设计理念。Autodesk Revit Architecture 面向建筑信息模型（BIM）而构建，支持可持续设计、碰撞检测、施工规划和建造，同时帮助用户与工程师、承包商与业主更好地沟通协作。设计过程中的所有变更都会在相关设计与文档中自动更新，实现更加协调一致的流程，获得更加可靠的设计文档。Autodesk Revit Architecture 全面创新的概念设计功能带来易用工具，帮助用户进行自由形状建模和参数化设计，并且还能够对早期设计进行分析。借助这些功能，可以自由绘制草图，快速创建三维形状，交互地处理各个形状，也可以利用内置的工具进行复杂形状的概念澄清，为建造和施工准备模型。随着设计的持续推进，Autodesk Revit Architecture 能够围绕最复杂的形状自动构建参数化框架，并为用户提供更高的创建控制能力、精确性和灵活性。从概念模型到施工文档的整个设计流程都在一个直观环境中完成。

1.2.2　Autodesk Revit Architecture 特性

一、一致、精确的设计信息

Autodesk Revit Architecture 软件旨在按照建筑师与设计师的建筑理念工作。帮助用户在单一环境中惬意地工作，自由地设计，高效地完成作品。

Autodesk Revit Architecture 能够从单一基础数据库提供所有明细表、图纸、二维视图与三维视图，在整个项目过程中，设计变更会在所有内容及演示中更新。

二、双向关联

任何一处发生变更，所有相关信息即随之变更。在 Autodesk Revit Architecture 中，所有模型信息存储在一个协同数据库中。信息的修订与更改会自动在模型中更新，极大减少错误与疏漏。

三、明细表

明细表是整个 Autodesk Revit Architecture 模型的另一个视图。对于明细表视图进行的任何变更都会自动反映到其他所有视图中。明细表的功能包括关联式分割及通过明细表视图、公式和过滤选择设计元素。

四、详图设计

Autodesk Revit Architecture 附带丰富的详图设计工具,能够进行广泛的预先处理,轻松兼容 CSI 格式。用户可以根据自己的办公标准创建、共享和定制。

五、参数化构件

任何一处发生变更,所有相关信息即随之变更。参数化构件亦称族,是在 Autodesk Revit Architecture 中设计所有建筑构件的基础。这些构件提供了一个开放的图形式系统,Autodesk Revit 让用户能够自由地构思设计、创建形状,并且还能让用户就设计意图的细节进行调整和表达,还可以使用 Autodesk Revit Architecture 参数化构件设计最精细的装配(例如细木家具和设备),以及最基础的建筑构件,例如墙和柱。最重要的是,无须任何编程语言或代码。

六、直观的用户界面

Autodesk Revit Architecture 采用简化的用户界面。用户可以更快地找到最常使用的工具和命令,找出较少使用的工具,并能够更轻松地找到相关新功能。因此,用于搜索菜单和工具栏的时间减少了,从而可以将更多时间用在设计上。

七、材料算量功能

利用材料算量功能计算详细的材料数量。从成本方面讲,材料算量功能非常适用于可持续设计项目及进行精确的材料数量核实,能够极大优化材料数量跟踪流程。随着项目的推进,Autodesk Revit Architecture 参数化变更引擎能够帮助确保材料统计信息始终处于最新状态。

八、冲突检测

使用冲突检测来扫描您的模型,查找构件间的冲突。

九、超越与成功

简化个人与团队流程。提供更加完整的文档与质量更高的设计,最重要的是,可以凭借更加清晰、完整的演示赢得更多业务。

十、设计可视化

创建和获得如照片般真实的建筑设计创意和周围环境效果图,在建造前体验您的设计创意。集成的 mental ray 渲染软件易于使用,能够生成高质量渲染效果图,并且用时更短,可提供卓越的设计作品。

十一、增强的互操作性

Autodesk Revit Architecture 互操作性增强与其他项目团队延深人员进行更加高效的合作,可以将带有关键数据的建筑模型或现场图导出至 AutoCAD Civil 3D 软件。还能够从 Autodesk Inventor 软件导入包含丰富数据的精确模型,使设计图纸尽快用于施工。

十二、支持可持续性设计

Autodesk Revit Architecture 能够从设计阶段早期就支持可持续设计流程。软件可以将材料和房间容积等建筑信息导出为绿色建筑扩展性标志语言（gbXML），还可以使用 Autodesk Green Building Studio web 服务执行能源分析，使用 Autodesk Ecotect 软件研究建筑性能。此外，Autodesk 3ds Max Design 软件还能根据 LEED 8.1 认证标准精确地评估室内环境质量。

1.2.3　Autodesk Revit 与 BIM

BIM 是一种基于智能三维模型的流程，能够为建筑和基础设施项目提供意见，从而更快速、更经济地创建和管理项目，并减少项目对环境的影响。面向建筑生命周期的欧特克 BIM 解决方案以 Autodesk Revit 软件产品创建的智能模型为基础，还有一套强大的补充解决方案用以扩大 BIM 的效用，其中包括项目虚拟可视化和模拟软件，Auto-CAD 文档和专业制图软件，以及数据管理和协作。继 2002 年 2 月收购 Revit 技术公司之后，欧特克随即提出了 BIM 这一术语，旨在区别 Revit 模型和较为传统的 3D 几何图形。当时，欧特克是将"建筑信息模型（Building Information Modeling）"用作欧特克战略愿景的检验标准，旨在让客户及合作伙伴积极参与交流对话，以探讨如何利用技术来支持乃至加速建筑行业采取更具效率和效能的流程，同时也是为了将这种技术与市场上较为常见的 3D 绘图工具相区别。

由此可见，Revit 是 BIM 概念的一个基础技术支撑和理论支撑。Revit 为 BIM 这种理念的实践和部署提供了工具和方法，成为 BIM 在全球工程建设行业内迅速传播并得以推广的重要因素之一。

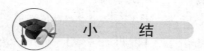

本章简单介绍了 BIM 产生的背景、BIM 的应用、BIM 的含义以及特点、Autodesk Revit Architecture 的特性等基本知识，通过对本章知识的了解，为后续具体用软件操作奠定基础。

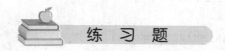

一、单项选择题

1. BIM（Building Information Modeling）的中文含义是（　　）。

　　A. 建筑信息模型　　　　　　B. 建筑模型信息

　　C. 建筑信息模型化　　　　　D. 建筑模型信息化

2. 以下（　　）不是建筑信息模型所具备的。

　　A. 模型信息的完备性　　　　B. 模型信息的关联性

　　C. 模型信息的一致性　　　　D. 以上选项均是

3. 下面（　　）不是我国大力推崇 BIM 的原因。

    A. 提高工作效率　　　　　　B. 控制项目成本

    C. 提升建筑品质　　　　　　D. 使建筑更安全

4. 以下（　　）不是 BIM 的特点。

    A. 可视化　　　　　　　　　B. 模拟性

    C. 保温性　　　　　　　　　D. 协调性

5.（　　）不是 BIM 实现施工阶段的项目目标。

    A. 施工现场管理　　　　　　B. 物业管理系统

    C. 施工进度模拟　　　　　　D. 数字化构件加工

6. 下面（　　）BIM 时代全生命周期模型的顺序是正确的。

    A. 策划阶段-设计阶段-施工阶段-运营阶段

    B. 设计阶段-策划阶段-施工阶段-运营阶段

    C. 施工阶段-策划阶段-设计阶段-运营阶段

    D. 运营阶段-策划阶段-设计阶段-施工阶段

7. 下面（　　）的说法是正确的。

    A. 从 CAD 到 BIM 不是一个软件的事

    B. 从 CAD 到 BIM 不是换一个工具的事

    C. 从 CAD 到 BIM 不是一个人的事

    D. 以上选项均对

8. BIM 是建筑行业的第（　　）次革命。

    A. 一　　　　　　　　　　　B. 二

    C. 三　　　　　　　　　　　D. 四

9. 下面（　　）是我国 BIM 发展的阻碍原因。

    A. 推行不够，缺乏政策引导

    B. BIM 软件的不成熟

    C. 不愿学习，业务水平不齐

    D. 功能欠缺，本土化不够

二、多项选择题

1. 以下软件中属于 BIM 建模软件的是（　　）。

    A. AutoCAD　　　　　　　　B. Revit

    C. Navisworks　　　　　　　D. ArchiCAD

    E. ProjectWise

2. 在 BIM 应用中，属于施工阶段应用的是（　　）。

    A. 场地使用规划　　　　　　B. 维护计划

    C. 施工系统设计　　　　　　D. 数字化加工

    E. 施工图设计

3. 在住建部"关于印发 2012 年工程建设标准规范修订计划的通知"中，包含的有关 BIM 的标准是 (　　)。

    A. 建筑工程设计信息模型制图标准

    B. 建筑工程信息模型存储标准

    C. 建筑工程设计信息模型交付标准

    D. 建筑工程设计信息模型分类和编码标准

    E. 制造业工程设计信息模型应用标准

4. BIM 技术应用的目的是 (　　)。

    A. 做功能好的项目　　　　　B. 做没有错的项目

    C. 做没有意外的工作　　　　D. 做精细化的预算

    E. 做性能好的项目

5. BIM 的优势 (　　)。

    A. 精细化的设计能够纠正现在设计中的缺陷

    B. 准确化的算量能够控制项目造价

    C. 虚拟化的建造减少了公司的返工率

    D. 智能化的运维,为开发商节约了运行的成本

三、简答题

1. 根据自身对 BIM 技术的理解和认识,简述 BIM 技术对建筑行业带来的好处。

2. 你认为 BIM 技术是否值得推广,其发展趋势如何?

第 2 章　Revit 基本知识

学习目标

1. 了解：Revit 2015 版的安装过程及激活的细节。
2. 熟悉：Revit 2015 版用户界面。
3. 掌握：Revit 2015 版应用程序菜单的操作。

2.1　Revit 的安装

Revit 软件自第一个版本开始每年更新一次，目前应用最广泛和适用性最强的是 Revit 2015。由于 3D 模拟类软件浮点运算和内存需求较大，32 位系统内存最大仅支持 3.25G，Revit 2015 为 64 位完整版，仅支持 WIN7/8 64 位系统，不支持 XP。所以在准备安装软件前，先选好符合要求的电脑，否则只能更换系统或者选择 Revit 2014（支持 win7 32 位）或者 Revit 2013（支持 XP）使用。

本书介绍 Revit 2015 版的安装，虽然版本每年在变，但 Revit 安装程序各个版本变化不大，掌握 2015 版的安装，其他版本按照提示操作即可。

（1）双击安装文件选择空余目录后解压，释放后文件夹大小近 3.65G，如图 2-1 所示。

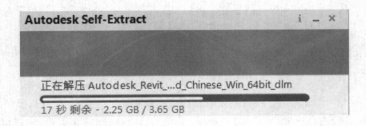

图 2-1

（2）运行 Setup. exe 程序，开始安装 Revit 2015（可自行选择简体中文版或英文版）。选择"在此计算机上安装"，如图 2-2 所示。

（3）运行 Setup. exe 程序，开始安装 Revit 2015（可自行选择简体中文版或英文版）。选择"在此计算机上安装"。然后单击"我接受"，执行"下一步"，如图 2-3 所示。

图 2-2

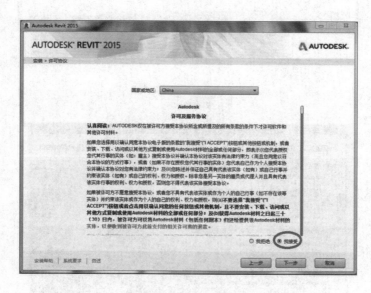

图 2-3

（4）输入序列号：666-69696969，密钥：829G1，然后单击"下一步"。选择安装路径，注意：目录必须全部是英文字符，选择好安装路径，单击安装，如图 2-4、图 2-5 所示。

（5）自动安装，安装完毕后，单击"完成"，如图 2-6、图 2-7 所示。

（6）接下来需要激活。打开桌面上 Revit 2015 快捷图标，弹出界面，单击"我同意"，如图 2-8 所示。

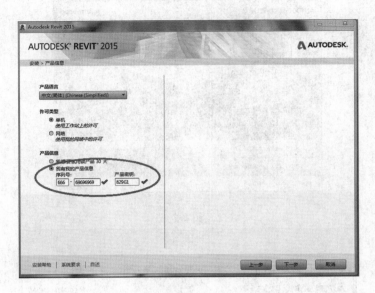

图 2-4

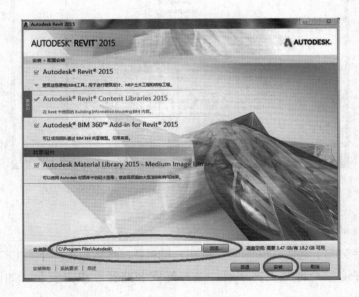

图 2-5

图 2-6

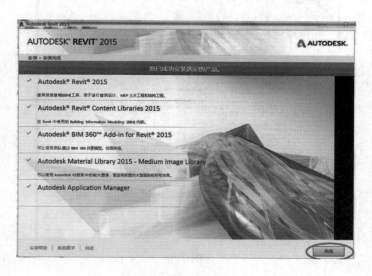

图 2-7

　　（7）单击"激活"，进入激活码界面（此处如果出现序列号错误，关闭重新进入），如图 2-9 所示。
　　（8）右键以管理员权限运行 Revit 2015 注册机。先单击"Patch"，提示"Successfully patched"，把 Revit 2015 申请号复制到注册机的第一栏，然后单击"Generate"，生成激活码。成功激活就可以操作使用了，安装过程全部结束，如图 2-10、图 2-11 所示。

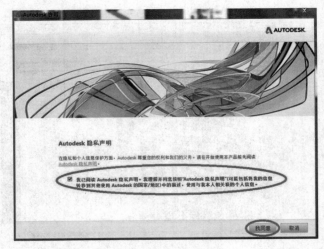

图 2-8

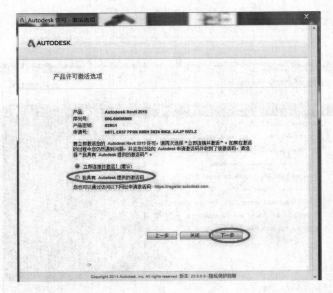

图 2-9

图 2-10

图 2-11

2.2 工 作 界 面

2.2.1 Revit 2015 用户界面

Revit 软件版本每年更新一次，从 2014 年版本开始，Autodesk 公司将 Revit Architecture、Revit Structure、Revit MEP 三个专业的软件集成在一个软件，称作 Revit，见图 2-12 箭头①所示。它可实现在同一个软件中进行跨专业的设计协同，因为共用同一个工作空间。本书讲述 Revit 2015 版。随着功能的不断完善，Revit 各个版本的功能和操作基本保持一致，只是软件在操作性能上逐渐优化提升。

尽管 Revit 同时集成了 3 个专业的软件，但在使用时，一个专业工程师通常只会用到其中的一个。本文主要介绍其中的建筑设计（Revit Architecture）功能。对于结构和设备系统，操作方法基本一致，只是操作的对象图元变了。以下所讲的 Revit，均具体针对 Revit Architecture。

打开 Revit 后，图 2-12 中，②中项目板块，用户可以打开、新建各种类型的项目文件，还可打开右侧的样例项目进行查看。不同样板的打开的工作空间的属性选项板和类型选择器略有不同，其他基本一致。

③中的族板块，用户可以打开、新建不同类型的族文件，同上。Revit 族是制约我国 BIM 发展的一大瓶颈。由于其制作烦琐、工程量大等特点，是 Revit 建模中占用时间较长的一个环节。近年发展起来的 BIM 内容族库共享平台可以提高 Revit 建模效率。

图 2-12 中④板块是 Autodesk 公司的 Revit 学习社区，用户可以进入社区学习关于 Revit 的所有操作技能和相关的知识。Exchange Apps 中提供了大量的由 Revit 兴趣爱好者开发的基于 Revit 的软件插件，扩大了 Revit 的应用范围。建议初学者可以多进入 Revit 社区进行学习。

打开建筑样例项目，可以进入建筑设计的用户界面，如图 2-13 所示。

图 2-12

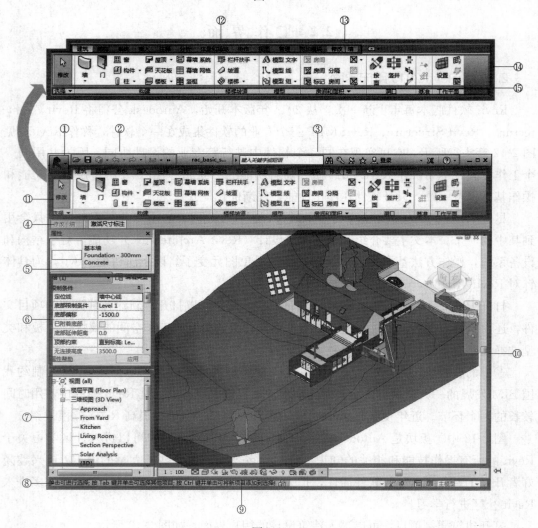

图 2-13

用户界面的组成说明见表 2-1。

表 2-1 　　　　　　　　　　　　**用户界面说明表**

序　号	用户界面	说　明
①	应用程序菜单	应用程序菜单提供对常用文件操作的访问，例如"新建"、"打开"和"保存"。还允许用户使用更高级的工具（如"导出"和"发布"）来管理文件
②	快速访问工具栏	快速访问工具栏包含一组默认工具。用户可以对该工具栏进行自定义，使其显示用户最常用的工具
③	信息中心	在"搜索"字段中输入关键字来快速查找长选项列表中所需的内容。还包括一个位于标题栏右侧的工具集，可让用户访问许多与产品相关的信息源
④	选项栏	位于功能区下方。根据当前工具或选定的图元显示条件工具
⑤	类型选择器	显示并可选择当前对象的具体类型或构件型号
⑥	"属性"选项板	无模式对话框，通过该对话框，可以查看和修改用来定义图元属性的参数
⑦	项目浏览器	用于显示当前项目中所有视图、明细表、图纸、组和其他部分的逻辑层次。展开和折叠各分支时，将显示下一层项目
⑧	状态栏	会提供有关要执行的操作的提示。高亮显示图元或构件时，状态栏会显示族和类型的名称
⑨	视图控制栏	可以快速访问影响当前视图的功能
⑩	绘图区域	显示当前项目的视图（以及图纸和明细表）。每次打开项目中的某一视图时，此视图会显示在绘图区域中其他打开的视图上面
⑪	功能区	创建或打开文件时，功能区会显示。它提供创建项目或族所需的全部工具
⑫	功能区上的选项卡	菜单栏
⑬	功能区上的上下文选项卡	提供与选定对象或当前动作相关的工具。之所以称之为上下文选项卡，因为它随着所选定对象或当前动作的不同而不同，即存在着对应的关系
⑭	功能区当前选项卡上的工具	即当前选定主菜单下的工具集合
⑮	功能区上的面板	就是面板

2.2.2 应用程序菜单

应用程序菜单，即单击图 2-13 中①所示的图标展开的菜单，见图 2-14。应用程序菜单提供对常用文件操作的访问，如"新建""打开""保存""导出""发布"等菜单。下面分别说明。

一、新建

可新建一个项目、族、概念体量、标题栏和注释符号，见图 2-15。最常用的是新建项目，单击"项目"，如图 2-16 所示。选择视图样板，视图样板是一系列视图属性，例如视图比例、规程、详细程度及可见性设置。使用视图样板可为视图应用标准设置，并实现施工图文档集的一致性。

设计者可为每种样式创建视图样板来控制以下设置：类别的可见性/图形替代、视图比例、详细程度、图形显示选项等。Revit 提供几个视图样板，它们是构造样板、建筑样板、结构样板、机械样板。用户也可以基于这些样板创建自己的视图样板。本书为一栋别墅楼的建筑建模，所以选择建筑样板。

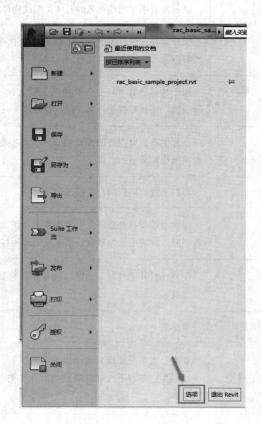

图 2-14

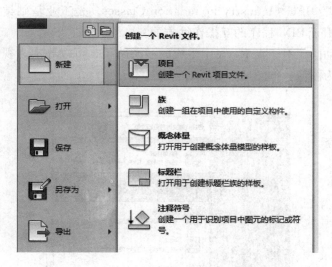

图 2-15

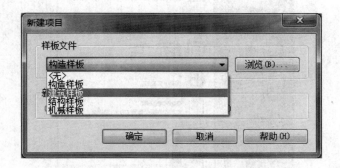

图 2-16

二、导出

用户完成的文件可以按需要导出各种其他格式的文件。举例说明：

（1）CAD 格式：可将做好的文件转化成施工图文件。

（2）DWF/DWFx 格式：DWF 是 Autodesk 用来发布设计数据的方法。它可以替代打印到 PDF（可移植文档格式）。DWFx 基于 Microsoft 的 XML 纸张规格（XPS），方便与未安装 Design Review 的复查人员共享设计数据。DWF 和 DWFx 文件包含相同的数据（二维和三维）；唯一的不同是文件格式。

（3）NWC 格式：转换为 Navisworks 文件。一般可将 .rvt 文件转换为 .nwc 或 .dwfx 格式，用于进一步的碰撞检查、漫游、施工模拟等操作。

（4）gbXML 格式：导出为 .xml 格式文件，gbXML 是主要应用于绿色建筑分析的一种数据交换格式。可将导出的 .xml 文件用绿建软件打开进行能耗、可持续性等绿建性能分析，如导入到 Ecotect 和 GBS（Green Building Studio）。

（5）IFC 格式：IFC（Industry Foundation Classes）是工业基础类文件格式创建的模型文件，通常用于 BIM 程序的互操作性方面。

（6）图像和动画：对于在 Revit 中生成的漫游路径，可以导出为视频动画，生成的渲染图可以导出为图像，如图 2-17 所示。

图 2-17

三、选项

选项为设计者的 Revit 安装配置全局设置。在 Revit 处于打开状态时，可以在打开 Revit 文件之前或之后随时指定这些设置。

四、用户界面

用户界面主要介绍快捷键的设置，如图 2-18、图 2-19 所示。单击"选项"→"快捷键"选择"自定义"，可以查看常用命令的快捷键，用户可以按照方便的原则，自己指定命令所对应的快捷键。表 2-2 列举了常见的快捷键。例如，使用快捷键 VV 或 VG 可以调出可见性/图形设置对话框，见图 2-20；使用 WC 可以层叠当前打开的窗口，使用 WT 可以平铺当前打开的窗口，见图 2-21。

表 2-2　　　　　　　　　　　　　　常见的快捷键

命 令 名 称	命 令 ID	快 捷 键
修改	ID _ BUTTON _ SELECT	MD
属性	ID _ TOGGLE _ PROPERTIES _ PALETTE	PP♯Ctrl＋1♯VP
参照平面	ID _ OBJECTS _ CLINE	RP
对齐尺寸标注	ID _ ANNOTATIONS _ DIMENSION _ ALIGNED	DI
文字	ID _ OBJECTS _ TEXT _ NOTE	TX
查找/替换	ID _ FIND _ REPLACE	FR
可见性/图形	ID _ VIEW _ CATEGORY _ VISIBILITY	VG♯VV
细线；细线	ID _ THIN _ LINES	TL
层叠窗口	ID _ WINDOW _ CASCADE	WC
平铺窗口	ID _ WINDOW _ TILE _ VERT	WT
系统浏览器	ID _ RBS _ SYSTEM _ NAVIGATOR	Fn9
快捷键	ID _ KEYBOARD _ SHORTCUT _ DIALOG	KS
项目单位	ID _ SETTINGS _ UNITS	UN
匹配类型属性	ID _ EDIT _ MATCH _ TYPE	MA
填色	ID _ EDIT _ PAINT	PT
拆分面	ID _ SPLIT _ FACE	SF
对齐	ID _ ALIGN	AL
移动	ID _ EDIT _ MOVE	MV
偏移	ID _ OFFSET	OF
复制	ID _ EDIT _ MOVE _ COPY	CO♯CC
镜像-拾取轴	ID _ EDIT _ MIRROR	MM
旋转	ID _ EDIT _ ROTATE	RO
镜像-绘制轴	ID _ EDIT _ MIRROR _ LINE	DM
修剪/延伸为角部	ID _ TRIM _ EXTEND _ CORNER	TR
拆分图元	ID _ SPLIT	SL
阵列	ID _ EDIT _ CREATE _ PATTERN	AR
比例	ID _ EDIT _ SCALE	RE
解锁	ID _ UNLOCK _ ELEMENTS	UP

续表 2-2

命 令 名 称	命 令 ID	快 捷 键
锁定	ID _ LOCK _ ELEMENTS	PN
删除	ID _ BUTTON _ DELETE	DE
标高	ID _ OBJECTS _ LEVEL	LL
拆分面	ID _ SPLIT _ FACE _ IN _ NEW _ FAMILIES	SF
墙：建筑	ID _ OBJECTS _ WALL	WA
门	ID _ OBJECTS _ DOOR	DR
窗	ID _ OBJECTS _ WINDOW	WN
柱：结构柱	ID _ OBJECTS _ STRUCTURAL _ COLUMN	CL
楼板：楼板：结构	ID _ OBJECTS _ SLAB	SB
模型线	ID _ OBJECTS _ PROJECT _ CURVE	LI
轴网	ID _ OBJECTS _ GRID	GR

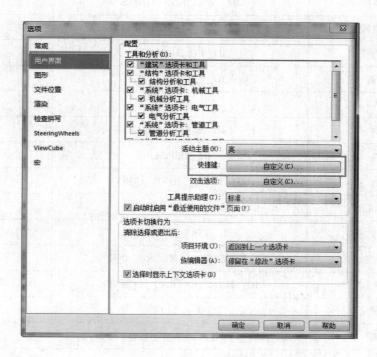

图 2-18

图 2-19

图 2-20

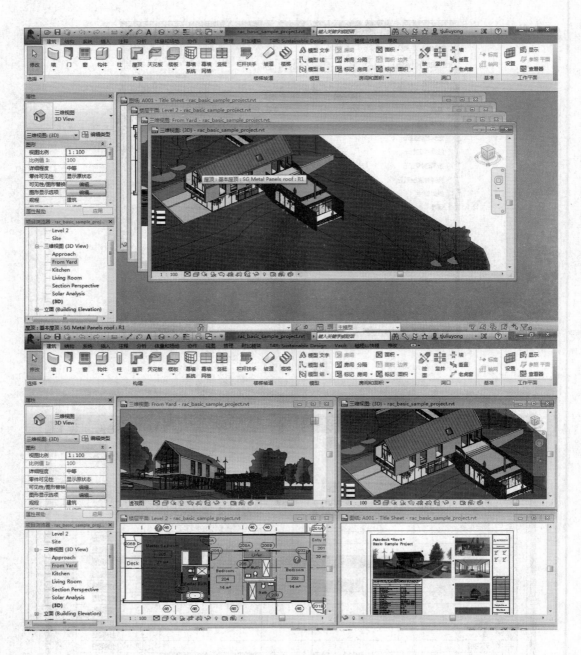

图 2-21

五、文件位置

用户可以在文件位置下设置样板文件的调用路径及用户文件的保存路径，如图 2-22 所示。

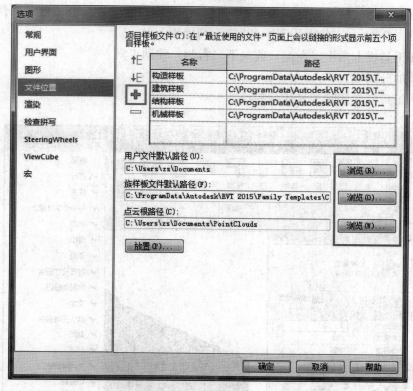

图 2-22

2.2.3　快速访问工具栏

快速访问工具栏包含一组默认工具。设计者可以对该工具栏自定义,来显示设计者最常用的工具。在功能区内浏览以显示要添加的工具。在该工具上单击鼠标右键,然后单击"添加到快速访问"工具栏,如图 2-23 所示。

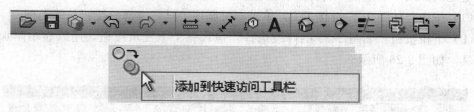

图 2-23

如果从快速访问工具栏中删除了默认工具,可以单击"自定义快速访问"工具栏下拉列表并选择要添加的工具,来重新添加这些工具。要快速修改快速访问工具栏,请在快速访问工具栏的某个工具上单击鼠标右键,然后选择下列选项之一:

(1) 从快速访问工具栏中删除:删除工具。

(2) 添加分隔符:在工具的右侧添加分隔符线。

要进行更广泛的修改，可在快速访问工具栏下拉列表中，单击"自定义快速访问"工具栏，见图 2-24。在该对话框中，执行下列操作：

（1）在工具栏上向上（左侧）或向下（右侧）移动工具。

（2）添加分隔线。

（3）从工具栏中删除工具或分隔线。

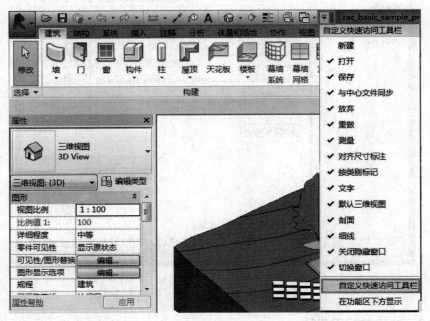

图 2-24

2.2.4　功能区四种类型的按钮

功能区如图 2-25 所示，包括四种类型的功能按钮：

（1）按钮：如图 2-25 链接 IFC，单击即可调用工具，大部分按钮是此类型。

（2）下拉按钮：如图 2-25 的修改选择，包含一个下三角按钮，用以显示附加的相关工具，如图 2-26 所示。

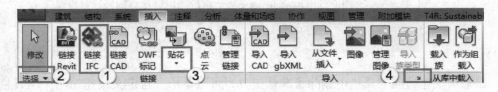

图 2-25

（3）分割按钮：调用常用的工具或显示包含附加相关工具的菜单。如果按钮上有一条线将按钮分割成两个区域，则单击上部（或左侧）可以访问最常用的工具；单击下部

图 2-26

（或另一侧）可显示相关工具的列表。

（4）对话框启动器：通过某些面板，可以打开用来定义相关设置的对话框。面板底部的对话框启动器箭头 ⌐ 将打开一个对话框。

2.2.5 上下文功能区选项卡

使用某些工具或者选择图元时，会自动增加并切换到一个"上下文功能区"选项卡，"上下文功能区"选项卡中会显示与该工具或图元的上下文相关的工具。退出该工具或清除选择时，该选项卡将关闭，如图 2-27 所示。

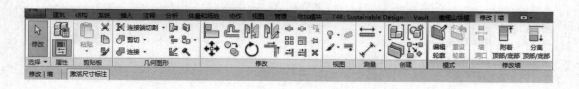

图 2-27

可以指定是使上下文选项卡自动成为焦点，还是让当前选项卡保持焦点状态。设计者也可以指定在退出工具或清除选择时显示哪个功能区选项卡。

例如，单击"墙"工具时，将显示"放置墙"的上下文选项卡，其中显示一下三类面板：

（1）选择：包含"修改"工具。

（2）图元：包含图元"属性"和"类型选择器"。

（3）图形：包含绘制墙草图所必需的绘图工具。

小　　结

　　本章重点介绍了 Revit 2015 版安装过程，用户基本界面、应用程序菜单等基本知识。通过对本章知识的掌握，在对操作界面熟悉的基础上为后续使用软件操作奠定基础。

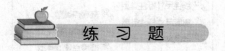

练 习 题

1. Revit 2015 软件安装过程中容易出现什么问题？
2. Revit 2015 软件应用程序菜单提供了哪些功能菜单？

第3章　Revit 基础建模

学习目标

1. 了解：Revit 2015 版的新建项目流程。
2. 掌握：案例中的标高建立。
3. 掌握：案例中的轴网建立。

3.1　工作界面介绍及基本工具

一、软件界面

软件界面如图 3-1 所示。

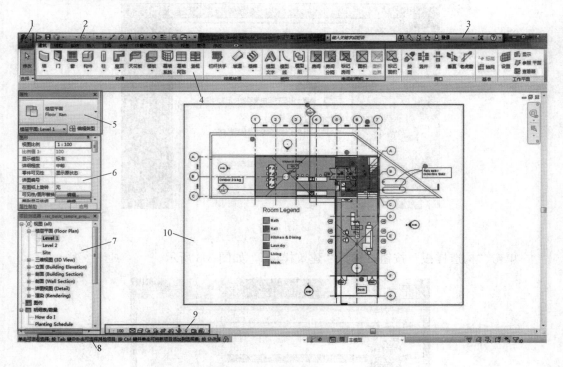

图 3-1

1—应用程序菜单；2—快速访问工具栏；3—信息中心；

4—功能区当前选项卡；5—类型选择器；6—属性选项板；

7—项目浏览器；8—状态栏；9—视图控制区；10—绘图区

二、说明

了解及掌握软件界面各个区域功能键的位置，有助于提高工作效率并简化工作流程。

3.2 建 模 基 础

项目样板提供项目的初始状态。Revit 提供几个样板文件，也可以创建自己的样板。基于样本的任意新项目均集成来自样本的所有族、设置（如单位、填充样式、线样式、线宽和视图比例）以及几何图形。

族文件：族是一个包含通用属性（称作参数）集和相关图形表示的图元组。属于一个组的不同图元的部门或全部参数可能有不同的值，但是参数（其名称与含义）的集合是相同的。族中的这些变体称作族类型和类型。

Revit 建模步骤：下面以一个实例来说明 Revit 建模的一般步骤。该实例为一个办公楼，建筑面积 $1113.6m^2$，建筑层数 2 层，建筑高度 7.65m。

一、新建一个项目

打开 Revit 后单击"应用"程序菜单→"新建项目"对话框，如图 3-2 所示。

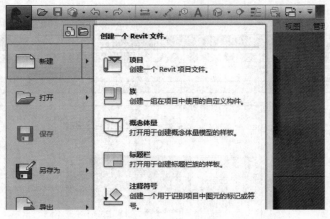

图 3-2

单击"构造样板"按钮，选择"建筑样板"，如图 3-3 所示。

图 3-3

单击"项目",最后单击"确定"按钮,如图 3-4 所示。

图 3-4

二、标高的绘制方法

标高在 Revit 建模中有着非常重要的作用,Revit 建模中很多图元的定位都要依靠标高进行,因此建立一套精确详细的标高会使后面的建模过程方便很多。

在左侧 Revit 项目浏览器中,打开任何一个立面图视图,这里双击选择"东立面"视图,如图 3-5 所示。

图 3-5

软件默认给出两个标高。框选删除,单击"确定"按钮,如图 3-6 所示。

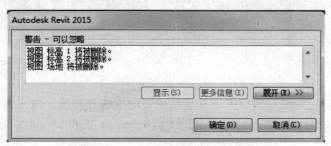

图 3-6

单击"建筑选项卡""标高",如图 3-7、图 3-8 所示。

图 3-7   图 3-8

将鼠标从左向右画一条直线,输入标高值"0",输入该标高名称"正负零"软件弹出对话框"是否希望重命名相应视图",选择"是"按钮,如图 3-9 所示。

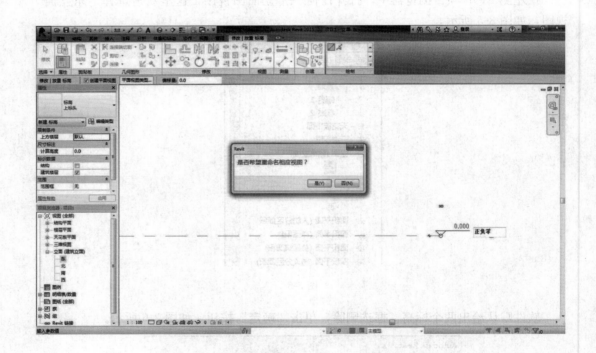

图 3-9

将鼠标移动至标高线左侧端点,直至出现竖向虚线捕捉线,输入需要偏移于该标高线的高度,这里这条标高线为 3.6m,输入偏移数量为"3600"回车,输入该标高名称"一层建筑标高"。

按照以上方法,画出剩余的标高线,结果如图 3-10 所示。

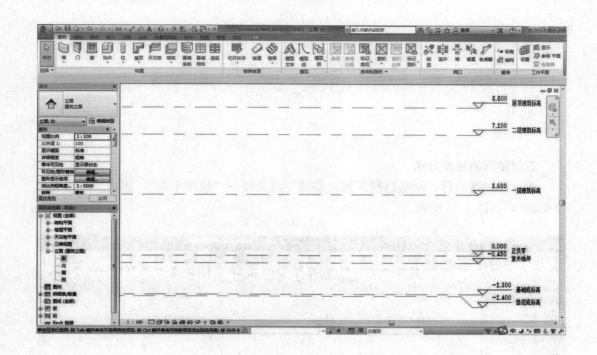

图 3-10

三、标高的相关设置

改变标高名称，在标高比较多比较复杂的时候，需要完善标高名称，便于以后建模过程中的使用，本案例中建筑分别自下而上，垫层底标高、基础底标高、室外地坪、正负零、一层建筑标高、二层建筑标高、屋顶建筑标高等组成。

四、改变标高编号位置

这里两个标高靠得太近（图 3-11），为了看清楚，可以改变标高编号的位置。

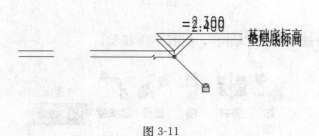

图 3-11

点选一个标高，单击标高编号附近的这段符号，拖拽小圆点，将标高移动至合适的位置，如图 3-12 所示。

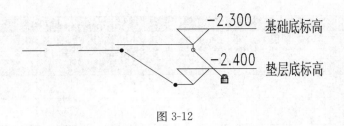

图 3-12

五、轴网的绘制方法

建立好标高以后，绘制轴网。到"项目"浏览器→"楼层平面"，双击"一层建筑平面图"，如图 3-13 所示。

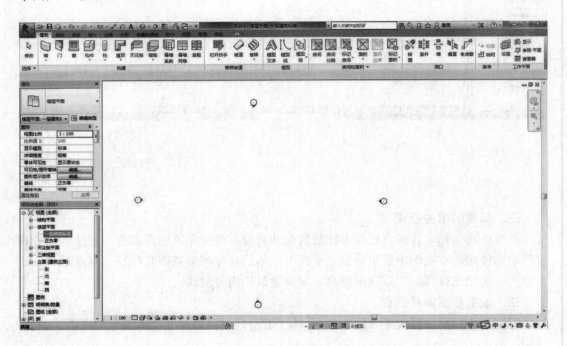

图 3-13

单击"建筑"选项卡→"轴网"，如图 3-14 所示。

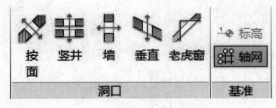

图 3-14

自上而下绘制一条轴线，如图 3-15 所示。

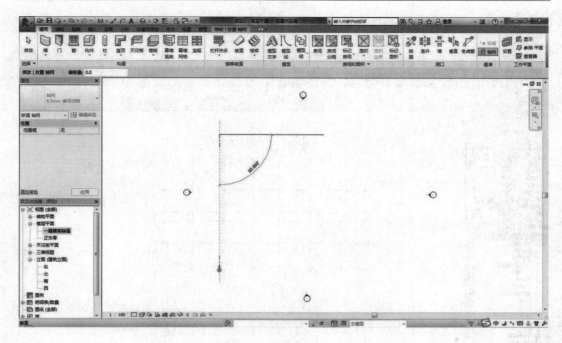

图 3-15

    将鼠标放在轴网一段,向右移动,出现一条水平的虚线捕捉线,然后输入数据
"7800",回车键绘制出第二条轴线,如图 3-16 所示。

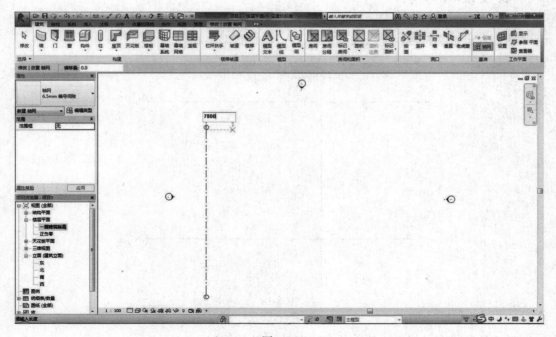

图 3-16

依照以上方法，绘制出所有轴线，如图 3-17 所示。

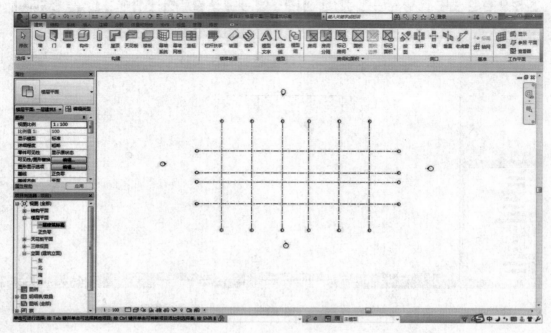

图 3-17

六、更改轴网符号

一般情况下轴网会按照阿拉伯数字一直排列下去，可以把横向的轴线改为用大写字母表示，双击轴网符号，输入大写字母"A"，如图 3-18 所示。

图 3-18

后面绘制横向轴线时，便会从大写字母 A 开始排列。

七、不显示轴网编号或者两头显示轴网编号

点选一条轴线，单击轴网编号旁边的小方框，可切换是否显示轴网符号，如图 3-19、图 3-20 所示。

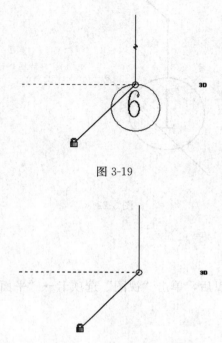

图 3-19

图 3-20

八、修改轴网符号位置

点选一条轴线，单击轴网编号附近的折断线符号，拖拽小圆点，将轴网编号移动至合适的位置，如图 3-21、图 3-22 所示。

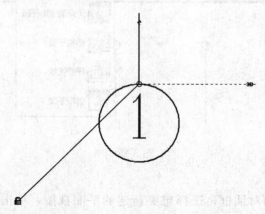

图 3-21

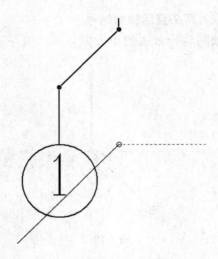

图 3-22

九、创建视图

在创建完标高和轴网以后，单击"视图"选项卡→"平面视图"→"楼层平面"，如图 3-23 所示。

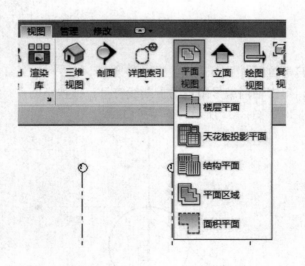

图 3-23

弹出新建楼层平面对话框，选择想要新建的平面视图，单击"确定"按钮，如图 3-24 所示。

项目管理器中便会生成相应的楼层平面视图，如图 3-25 所示。

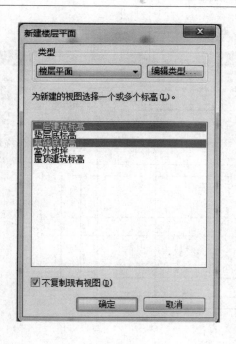

图 3-24

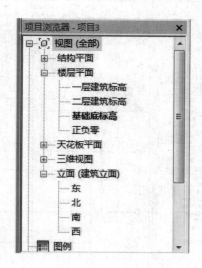

图 3-25

十、尺寸标注

建立好标高和轴网后，可以标记相应的距离。单击"注释"选项卡→"对齐"，如图 3-26 所示。

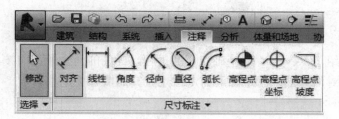

图 3-26

单击 1 轴，再单击 6 轴，在单击空白处完成标注，如图 3-27 所示。

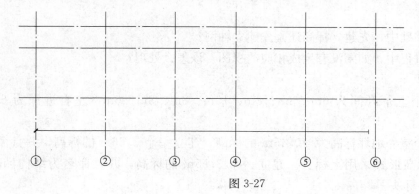

图 3-27

按照以上方法，标注所有尺寸。完成的图形如图 3-28 所示。

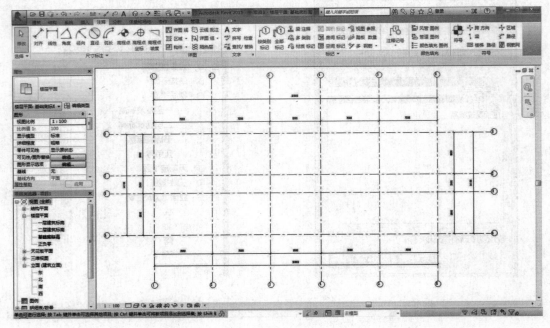

图 3-28

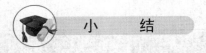

本章重点介绍了 Revit 2015 基础建模的过程，标高的建立及相应技巧；轴网的建立及相应技巧。在对内容熟悉的基础上为定位建立其他构建奠定基础。

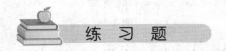

一、思考题

1. 在建模基础中，先建立标高还是先建立轴网？

2. 在建模过程中，如果没有生成相应的视图，该怎么处理？

二、实训题

1. 建立一个上下开间为 6m、3m、8m、10m、8m、3m、6m，左右进深为 6m、3m、6m 的轴网。

2. 建立一个室外地坪标高为-0.45m 的标高，建立一个 3.66m 的标高，并且命名为建筑标高，标高形式采用上标头。建立一个 3.55m 的标高，并且命名为结构标高，标高形式采用下标头。

第4章 Revit 结构层建模

学习目标

1. 了解：Revit 2015 常规结构构件基本组成。
2. 熟悉：Revit 2015 结构构件操作选项板及操作流程。
3. 掌握：Revit 2015 常规结构构件（柱、梁）等建模。

4.1 柱 的 创 建

本章基于第 3 章建筑建模基础上，在标高、轴网等基础工作落实后开始进行结构方面的构件创建及编辑。重点围绕结构柱、梁、楼板结构等构件进行详细分布讲解，使读者了解建筑构件和结构构件的基本区别，梁、板、柱等基本结构构件的使用方法。

一、添置结构柱

第一步：单机"建筑"选项卡下"构件"面板中的"柱"下拉按钮，在下拉列表中单击"结构柱"选项（或直接从"结构"选项卡中单击"结构柱"按钮），界面会自动弹出柱属性面板，如图 4-1 所示。

第二部：从"类型"选择器中选择合适尺寸规格的柱子类型，如果没有则单机"类型属性"按钮 **编辑类型** 弹出"类型属性"对话框，编辑柱子属性，选择"编辑类型"→"复制"命令，创建新的尺寸规格，修改长度、宽度等参数，对所建构件重命名以方便后期查阅整理（重命名是为方便区分建模过程中不同类型结构柱），如图 4-2 所示。

第三部：如果没有需要的结构柱类型，则选择"插入"选项卡，从"从库中载入"面板的"载入族"工具中打开相应族库进入载入族文件（或者点选类型属性面板右上角"插入"按钮进行选取），如图 4-3 所示。

第四部：在结构柱的"类型属性"对话框中，设置柱子高度尺寸（深度/高度、标高/未连接、尺寸值）。

第五步：单击"结构柱"，在已建好的轴网上使用轴网交点命令（单机"放置结构柱→在轴网交点处"），从右下向左上交叉框选轴网的交点，单击"完成"按钮，如图 4-4 所示。

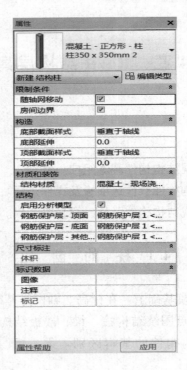

图 4-1

图 4-2

图 4-3

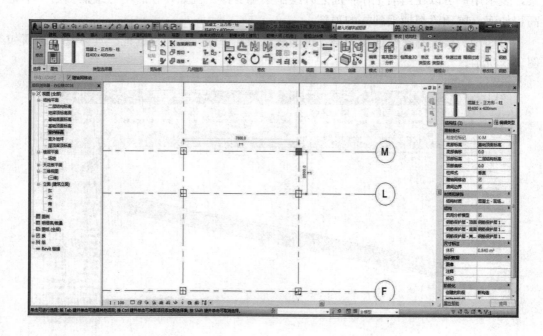

图 4-4

　　思考：结构柱与建筑柱的区别，在模型的建立过程中如果设计了建筑柱是否还需要设计结构柱？

二、编辑结构柱

通过柱的属性选项卡可以调整柱子基准、顶部标高、底部标高、顶部偏移、底部偏移、柱顶是否随轴网移动，此柱是否设置为房间边界及柱子的材质，单机"编辑类型"按钮，在弹出的"类型属性"对话框中设置长度、宽度参数，如图 4-1 所示。

4.2　梁的创建

4.2.1　结构梁

第一步：选择"结构"选项卡，单机"结构"面板中"梁"按钮，从属性栏的下拉列表中选择需要的梁类型，如没有，可从构件族库中选取。

第二步：在选项栏中选择梁的放置平面，从"结构用途"下拉列表中选择梁的结构用途或让其处于自动状态，结构用途参数可以包括在结构框架明细表中，用户便可以计算大梁等水平支撑的数量（便于做出构件明细表）。

第三步：使用"三维捕捉"选项，通过捕捉任何视图中的其他结构图元，可创建梁，表示用户可以在当前工作平面之外绘制梁和支撑。例如，在启用三维捕捉后，不论高程如何，屋顶梁都捕捉到柱的顶部。

第四步：要绘制多段连接的梁，可勾选选项栏中的"链"复选框。具体复选选项如图 4-5 所示。

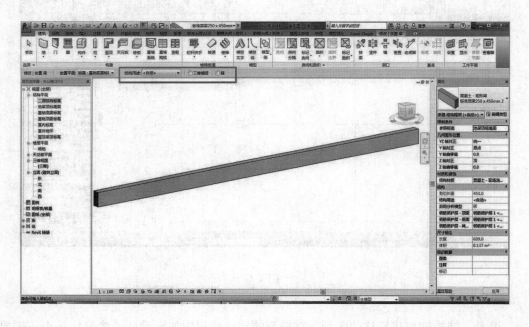

图 4-5

第五步：单击起点和终点来绘制梁，当绘制梁时，鼠标会捕捉其他结构构件。

第六步：也可使用"轴网"命令，拾取轴网线或框选、交叉框选轴网线，单击"完成"按钮，系统自动在柱、结构墙和其他梁之间放置梁，如图 4-6 所示。

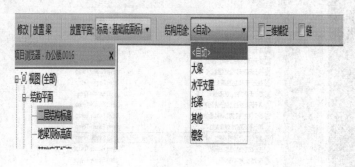

图 4-6

4.2.2 基于线的梁

在做复杂楼面或屋面结构时，经常会出现结构梁与梁之间存在诸如露出或是梁形状不规则等问题，这时可通过使用基于线的梁功能按钮来完成复杂的结构梁分布问题，如图 4-7 所示。

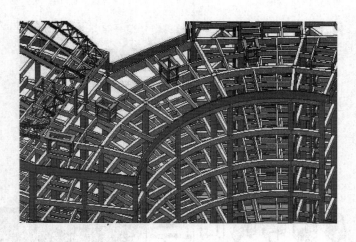

图 4-7

第一步：打开新建族选项，选择 Revit 版本自带的基于线的公制常规模型族样板文件，如图 4-8 所示。

第二步：打开基于线的常规模型并使用实心放样命令先绘制出所需要的路径，如图 4-9 所示。

图打开操作界面并未进行路径设计，单击"放样"按钮进行实体放样，并进一步单击"绘制路径"按钮进行路径的绘制。命令流操作表示如图 4-10 所示。将路径相对于参照平面锁定，完成路径，如图 4-11 所示。

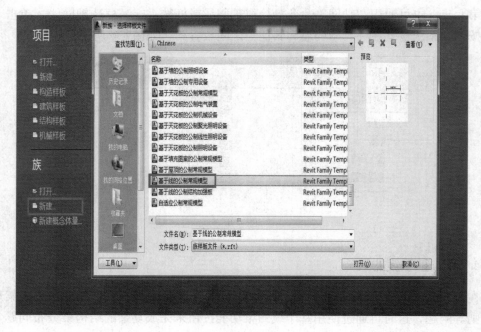

图 4-8

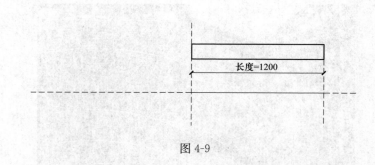

图 4-9

图 4-10

　　第三步：单机"编辑轮廓"，弹出"转到视图"对话框，如图 4-12 所示，可根据习惯选择左视图或者右视图，现从右视图观测。

　　第四步：如图 4-13 所示，在左侧视图中绘制一个矩形线框，并在两个边绘制参照平面，之后使用"标注""EQ 平分""对齐"等命令完成图中内容。

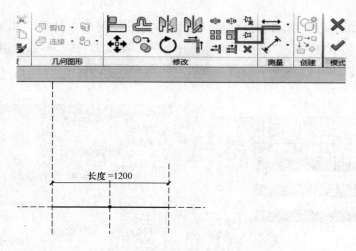

图 4-11

图 4-12

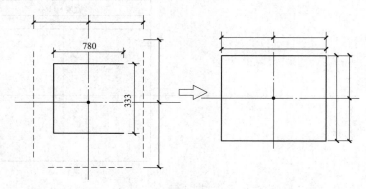

图 4-13

　　第五步：如图 4-14 所示选择标注，在标签的下拉列表中选择"添加参数"。进入"参数属性"对话框中，在"名称"文本框中输入"宽度"，在"参数分组方式"下拉列表中选择"尺寸标注"，选中"实例"按钮，如图 4-15 所示。

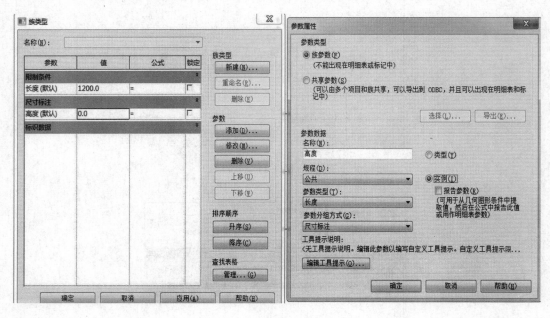

图 4-14

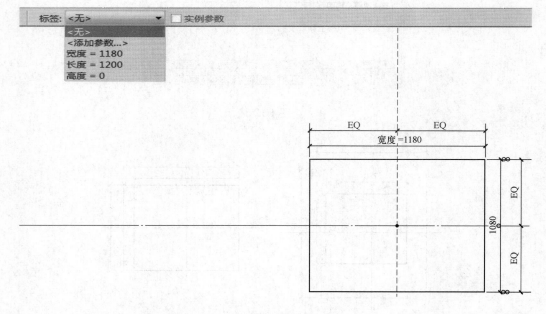

图 4-15

这就给基于线的梁添加了一个可调的宽度参数，用同样方法给梁的轮廓添加一个高度参数，完成轮廓，完成放样最终结果（重点是如何将标注尺寸与参数修改进行绑定，而不是修改参数的同时，标注未进行互动。因此应熟悉参数属性面板中的操作命令流程，在进行基于线的梁编辑时，该操作即是常规模型建族的基本操作常识，需掌握），模型梁如图 4-16 所示。

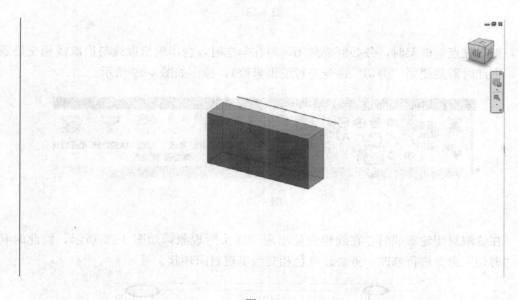

图 4-16

4.2.3　梁系统

结构梁系统可创建多个平行的等间距梁系统，这些梁可以根据设计中的修改进行参数化调整，梁系统选取界面如图 4-17 所示。

图 4-17

第一步：打开模型平面视图，选择"结构"选项卡，在"结构"面板中单机"梁系统"按钮，进入定义梁系统边界草图模式，如图 4-18 所示。

第二步：选择"绘制"中"边界线""拾取线""拾取支座"等命令，拾取结构梁或结构墙，并锁定其位置，形成一个封闭轮廓作为结构梁系统边界（如选中"拾取线"按

图 4-18

钮，则需在点选框架时，务必框架封闭，但在勾选时，会出现拾取线与拾取线相交处露头，则此时需要使用"剪切"命令进行编辑修改），操作如图 4-19 所示。

图 4-19

在选取封闭轮廓线时，在线相交处出现"露头"现象，如图 4-20 所示，则此时利用"剪切"命令进行修改。务必让红色相交线呈现封闭环状。

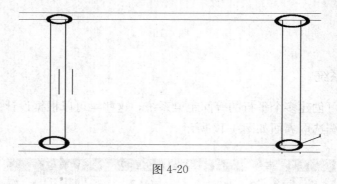

图 4-20

如果"拾取线"命令在少数情况下较为烦琐，也可用"线"绘制工具，绘制或拾取线条作为结构梁系统的边界。在梁系统建立好之后，如要在梁系统中剪切洞口，可用绘图工具在边界内绘制封闭洞口轮廓。

第三步：绘制完边界后，可用"梁方向边缘"命令选择某边界线作为新的梁方向。默认情况下，拾取的第一支撑或绘制的第一条边界线为梁方向，如图 4-21 所示。

单击"梁系统属性"按钮，设置此系统梁在立面的偏移值，在三维视图中显示该构件，设置其布局规则，以及按设置的规则确定相应数值，梁的对齐方式及选择梁的类型，如图 4-22 所示。

通过以上基本操作方式可完成对梁的基础建模，如果对梁的应用要求较为严谨，可

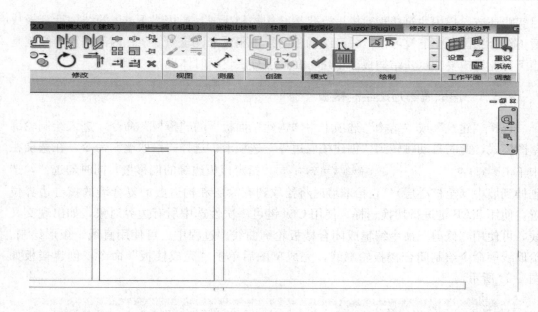

图 4-21

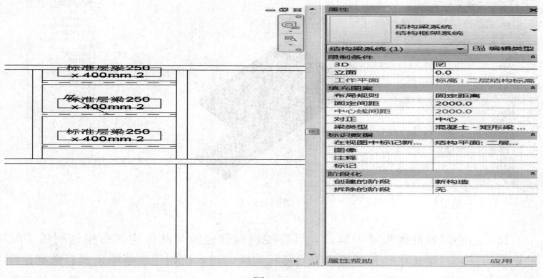

图 4-22

通过建立族模型来完成复杂参数及视图的设定。

4.3　板 的 创 建

楼板的创建可通过在体量设计中，设置楼层面生成面楼板来完成；也可以直接利用普通楼板绘制工具完成。在 Revit 中，楼板的创建可分为建筑楼板与结构楼板，但在项目实践环节，均用建筑楼板建模思路代替结构楼板生成，原因是 Revit 的结构计算板块暂不符合我国行业建模习惯，并且结构板的绘制相对来说较为复杂，内部钢筋等绘制是当下行业建模复杂点，结构板的创建可在楼层分层建模时体现。

4.3.1 拾取墙等方法绘制楼板

选择"建筑"或"结构"选项卡中"构建"面板下的"楼板"命令，进入绘制轮廓草图模式，此时自动跳转到"创建楼层边界"选项卡，选择"拾取墙"命令，在选项栏中单击 偏移: 0.0   ☑延伸到墙中(至核心层)，指定楼板边缘的偏移量，同时勾选"勾选延伸到墙中（至核心层）"，拾取墙时将拾取到有涂层和构造层的复合墙的核心边界位置。使用 TAB 键进行切换选择，使用 Ctrl 键可一次性选中所有边界对象，如出现交叉线，可使用"修剪"命令编辑成闭合楼板轮廓曲线。过程中也可使用直线、矩形绘制、拾取线等命令绘制闭合楼板轮廓线，完成草图后单击"完成楼板"命令，创建楼板如图 4-23 所示。

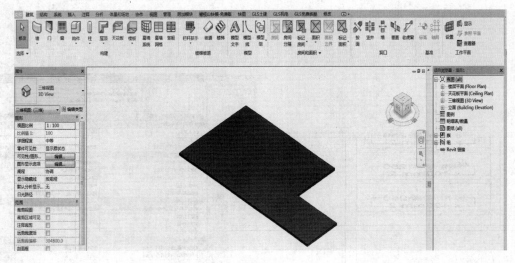

图 4-23

如果已绘制好的楼板需要修改，可在楼板构件边缘与其他构件衔接处利用 TAB 键轮选构件，直至选中楼板边缘，双击楼板边缘，进入绘制轮廓草图模式，选择绘制面板下的"边界线""直线"命令，进行楼板边界的修改，以达到楼板绘制的最终状态。

依据实际项目进行建模，楼板由结构层及各建筑构造层等构成，如果在建模时先建立结构层楼板，再建立建筑楼板，则建模工作量较大，在此可通过整合各层厚度于同一板以达到楼板的综合建模。

以某小学楼板建模为例，单机楼板命令，单击楼板"类型属性"对话框，单机"结构"参数右侧的"编辑"按钮，打开"编辑部件"对话框，如图 4-24 所示，单击"插入"按钮两次，将插入的两项移到上面的"核心边界"之上，之前的"结构"层在两个

"核心边界"之间。单击最上方第一个"面层 1"的"材质"选项以及"衬底 2"的"材质"选项，在打开的"材质浏览器"对话框新建项目所需材质，"混凝土砂浆"如图 4-25 所示，将该材质应用于楼板面层及衬底层，厚度分别设置为 10mm、20mm 厚（Revit 默认构件尺寸单位为 mm），结构层设置厚度为 120mm，该小学楼板总厚度为 150mm 厚，具体参数信息如图 4-24 所示。

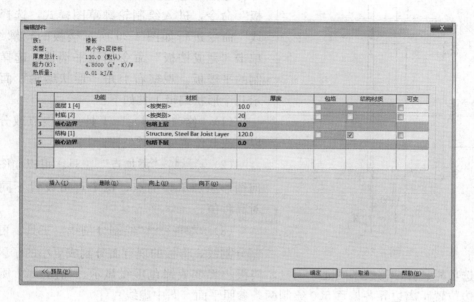

图 4-24

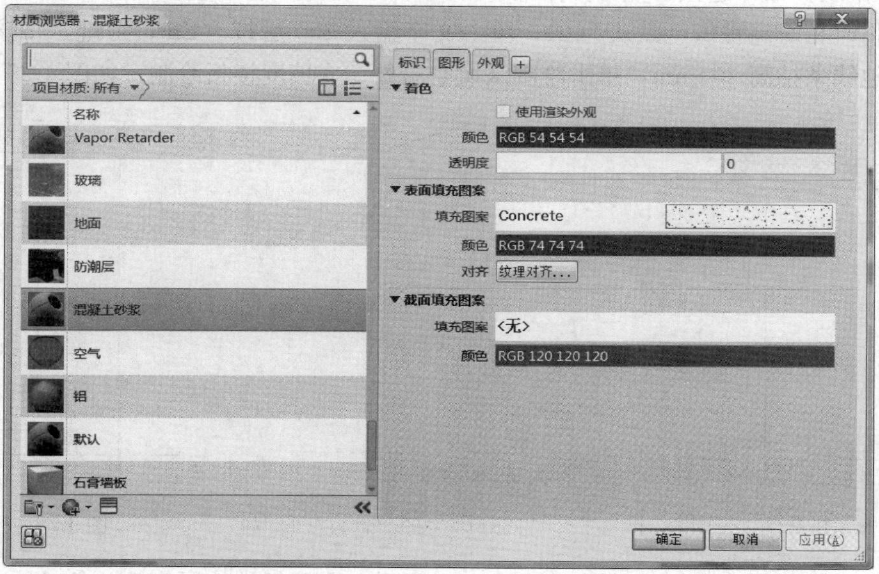

图 4-25

4.3.2　带坡度的楼板绘制

通常情况下家用卫生间等有防水需求的建筑空间需要进行楼板的坡度处理，目的是

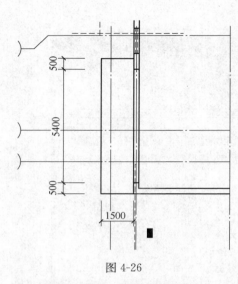

图 4-26

尽快疏导停留在室内地面的积水，本节针对该种特殊情况进行楼板的坡度设置建模。单击"楼板"命令，进入绘制轮廓草图模式，选择"直线"命令进行如图 4-26 所示楼板的轮廓绘制，单击"完成楼板"命令创建平楼板。选择刚绘制的平楼板，观察右上角"形状编辑"面板显示几个形状编辑工具如下：

（1）"修改子图元"工具：拖曳点或分割线以修改其位置或相对高程。

（2）添加点"添加点"工具：可以向图元几何图形添加单独的点，每个点可设置不同的相对高程值。

（3）添加分割线"绘制分割线"工具：可以绘制分割线，将板的现有面分割成更小的子区域。

选项栏选择"修改子图元"工具，楼板边界变成绿色虚线显示。如图 4-27 所示在上下边位置距离边界各偏移 500 绘制两条参照平面（图中虚线）。

在参照平面与右侧边界交点处点击"添加点"命令，生成两个新的边界点，再点击"添加分割线"命令连接各点，如图 4-28 所示，单击右侧边界线新增的两个边界点，出现兰色临时相对高程值（默认为 0），单击文字输入 200 后按"Enter"键，将该边界线相对其他线条抬高 200mm，单击绘图区域空白处完成坡度楼板绘制，如图 4-29 所示。

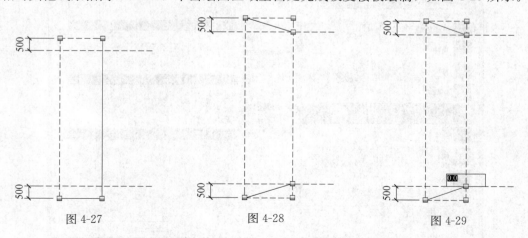

图 4-27　　　　　　　　　图 4-28　　　　　　　　　图 4-29

带坡度楼板生成之后的效果图如图 4-30 所示，平面板整体厚度均为 200mm 厚，板被分割成三个坡度面。

图 4-30

对于平面板建模，需明确平面板与柱、墙体等构件的逻辑连接关系，利用楼板轮廓绘制命令以达到平面板的实际生成，绘制过程中须保证轮廓线的闭合，参照实际项目要求，完成材质、尺寸的设置。

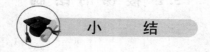

小　结

本章重点介绍了结构体系中较为重要的结构构件——柱、梁、板，分别从模型建立以及信息编辑等角度来介绍模型的设计使用周期的基本功能。通过对本章的掌握可进行举一反三式的学习，学生可尝试性的进行诸如屋面板等结构构件的建模，具体内容不在此赘述。

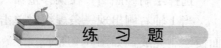

练　习　题

1. Revit 2015 建模过程中所建的建筑柱与结构柱的区别是什么？
2. 结构构件的建立如何与建筑及设备组形成的模型数据进行协作？
3. 楼板命令建模方式是否可以替代场地土方的建模？

第 5 章　Revit 楼梯和扶手建模

学习目标

1. 了解：楼梯和扶手在软件中各项参数的设置。
2. 掌握：楼梯和扶手的建立及绘制。

5.1　楼　梯　的　绘　制

参照平面的绘制方法：

单击建筑选项卡"参照平面"，如图 5-1 所示。

进入"参照平面"绘制界面，如图 5-2 所示。

根据图纸算出左梯段到 1 轴的中心距离是 800mm，右梯段的中心距离是 2300mm。梯段的起点距离 C 轴 1500mm，第二段起点距离 D 轴 1600mm。

选择绘制参照面，在偏移量输入 800，如图 5-3 所示。

当 1 轴右侧出现一条虚线时单击鼠标左键，此时这条参照面便绘制完成，如图 5-4 所示。

根据以上方法，依次画出右梯段的中心距离参照平面。梯段的起点及第二段起点，如图 5-5 所示。

图 5-1

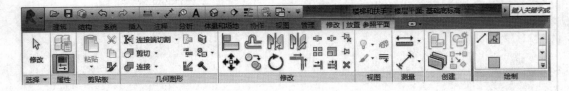

图 5-2

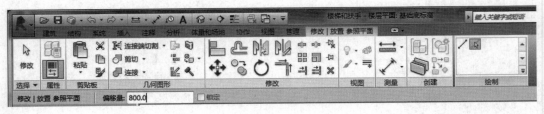

图 5-3

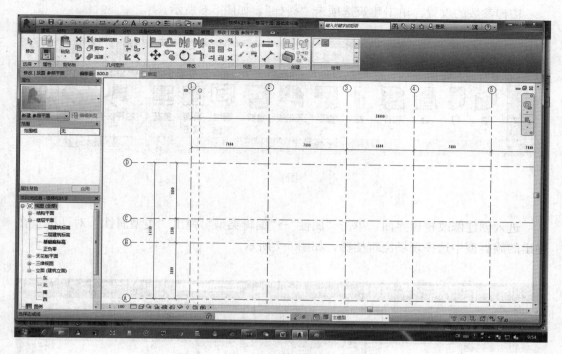

图 5-4

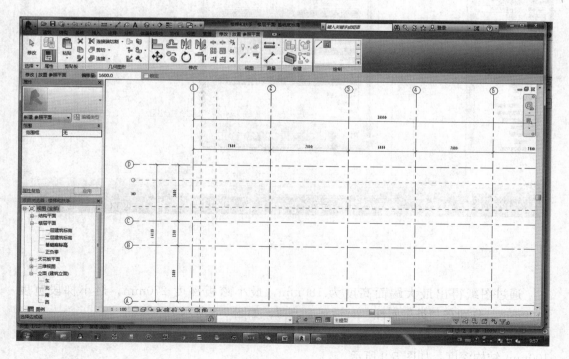

图 5-5

楼梯参数的设置：单击建筑选项卡"楼梯"，如图 5-6 所示。

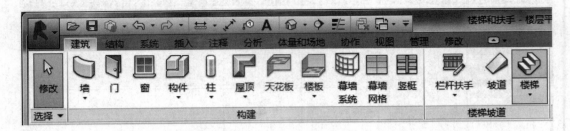

图 5-6

进入创建修改楼梯界面，单击"属性"→"编辑类型"弹出"类型属性"对话框。在弹出的族类型中选择现场浇筑楼梯，如图 5-7 所示。

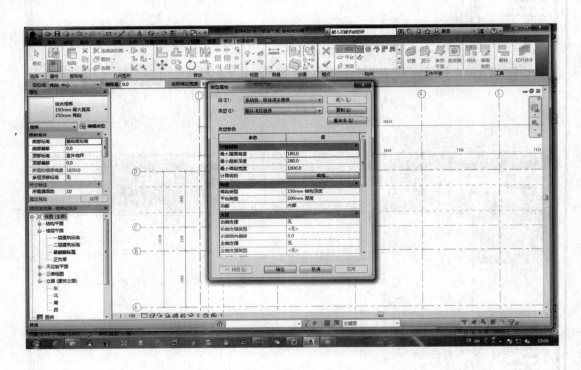

图 5-7

通过图纸得出最大踢面高度为 180mm，最小踏板深度 270mm，最小梯段宽度 1400mm，分别在"类型属性"对话框中填写，如图 5-8 所示。

单击梯段类型后的三点按钮，单击"复制"按钮，在弹出名称对话框中填写 100mm 结构深度，如图 5-9 所示。

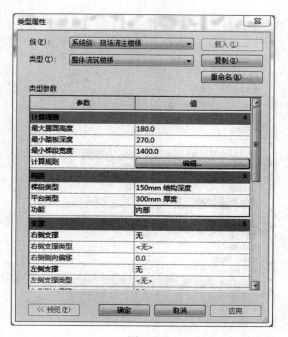

图 5-8

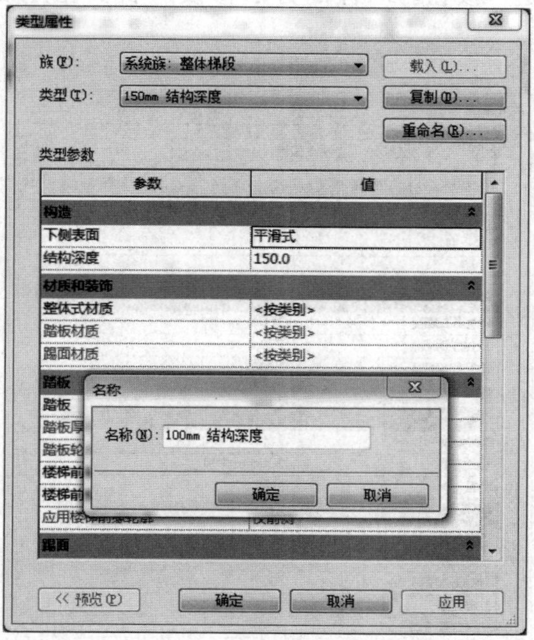

图 5-9

修改完成后单击"确定"按钮，修改结构深度 100mm，如图 5-10 所示。

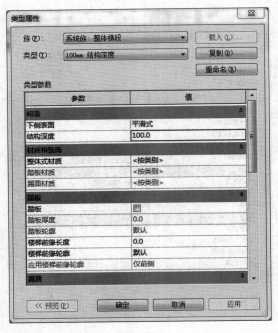

图 5-10

　　修改完单击"确定"按钮。同样的方法修改平台类型厚度 100mm，如图 5-11
所示。

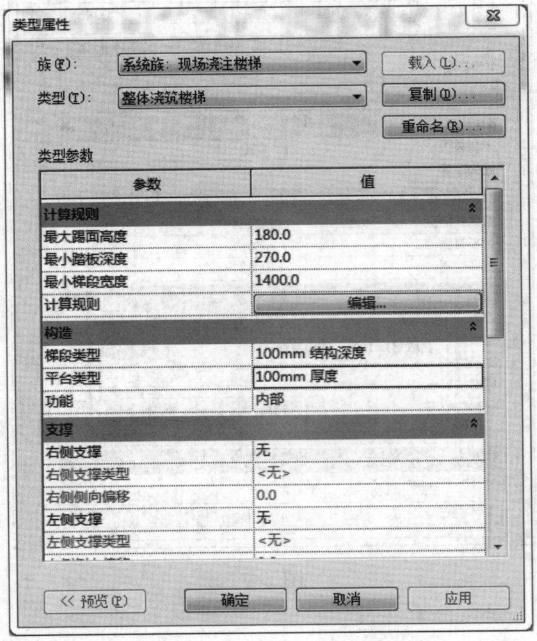

图 5-11

　　单击"确定"按钮，接着修改属性参数。底部标高修改为正负零，顶部标高修改为一层建筑标高，所需踢面数 22 个，实际踏板深度 270mm。修改后如图 5-12 所示。

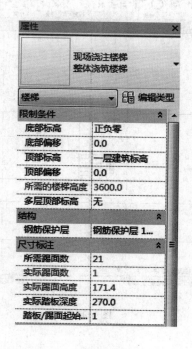

图 5-12

　　修改完成后选择修改/创建楼梯选项卡，选择梯段命令，如图 5-13 所示。

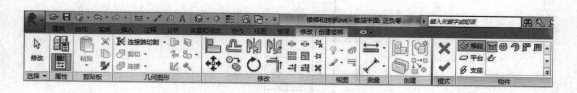

图 5-13

　　接着捕捉第一梯段的中点，单击鼠标左键进行绘制，如图 5-14 所示。
　　绘制到第一梯段结束，在此捕捉第二梯段中点，单击鼠标左键，如图 5-15 所示。
　　楼梯便绘制完成。打开"项目浏览器"→"立面"→"西立面进行查看楼梯"，如图 5-16 所示。

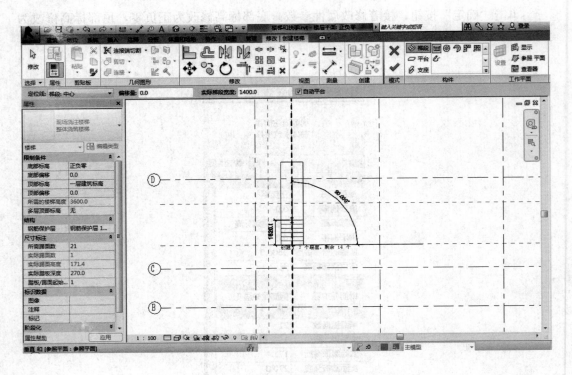

图 5-14

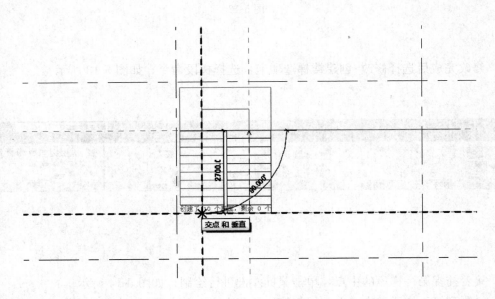

图 5-15

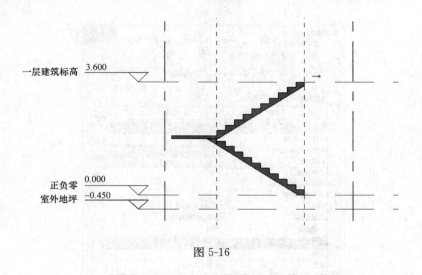

图 5-16

5.2　栏杆扶手的绘制

单击建筑选项卡"栏杆扶手"选择放置在主体上，如图 5-17 所示。

图 5-17

单击"属性"→"编辑类型"根据图纸设定栏杆扶手参数，如图 5-18 所示。

然后单击楼梯，扶手便自动生成，如图 5-19 所示。

单击"项目浏览器"→"三维视图"→"三维"也可以查看，如图 5-20 所示。

由于图纸楼梯外侧没有栏杆扶手，鼠标左键选择外侧的扶手，单击右键删除，如图 5-21 所示。

图 5-18

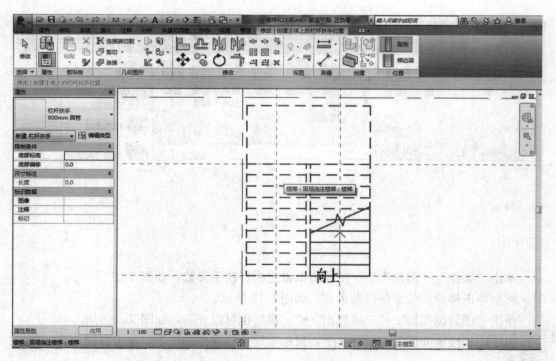

图 5-19

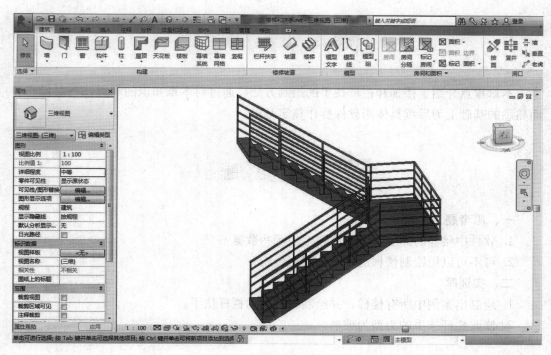

图 5-20

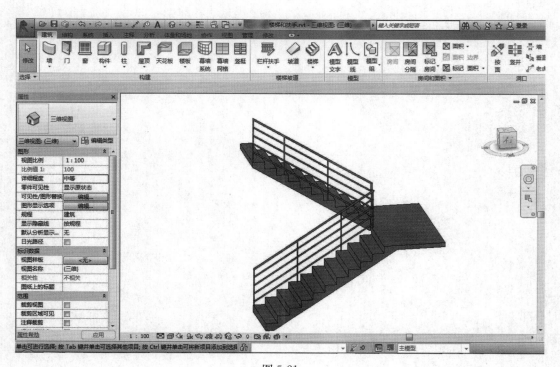

图 5-21

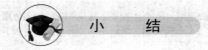

小　结

本章重点介绍了楼梯和栏杆扶手的绘制方法，通过对本章知识的掌握，在对操作界面熟悉的基础上为后续具体用软件操作奠定基础。

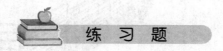

练　习　题

一、思考题

1. 软件中楼梯的深度对于对应图纸的哪些数据？

2. 可不可以用绘制楼梯的方法绘制出台阶？

二、实训题

1. 绘制出案例中所有楼梯，并绘制出相应的栏杆扶手。

2. 修改栏杆扶手的类型为玻璃。

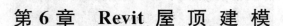

第6章 Revit 屋顶建模

学习目标

1. 了解：创建屋顶的方法。
2. 熟悉：迹线屋顶、拉伸屋顶以及屋顶构件的创建。
3. 掌握：使用迹线屋顶绘制四坡屋顶、平屋顶等屋顶类型，设置屋顶属性。

屋顶是房屋或构筑物外部的顶盖，是建筑的重要组成部分。在 Revit Architecture 中提供了多种建模工具，如迹线屋顶、拉伸屋顶、面屋顶、玻璃斜窗等创建屋顶的常规工具。

Revit 提供两种创建屋顶的方法，迹线屋顶和拉伸屋顶。根据屋顶的不同形式可以选择不同的创建方法。

"迹线屋顶"是通过在平面视图中指定屋顶的迹线或轮廓，并通过识别坡屋面边缘的迹线线段来定义屋顶坡度的创建方式。"迹线屋顶"适合创建常规的坡屋顶和平屋顶。

"拉伸屋顶"是通过在立面视图中绘制屋顶的轮廓，然后拉伸它，或通过设置起点和终点的位置，指定拉伸深度的创建方式。"拉伸屋顶"适合创建有规则断面的屋顶。

6.1 迹 线 屋 顶

一、创建迹线屋顶（坡屋顶、平顶屋）

（1）打开项目文件，切换到平面视图，在"建筑"面板的"屋顶"面板下拉列表中选择"迹线屋顶"选项▐ ，进入绘制屋顶轮廓草图模式。

首先，在其"属性"对话框中的"类型选择器"下拉列表中选择"架空隔热保温屋顶-混凝土"，见图 6-1。然后修改其"属性"对话框中的参数"自标高的底部偏移"值可以自行设定，如没有偏移值则为 0。

（2）在"修改"创建屋顶迹线下选择一个"边界线"绘制工具，在相应的位置绘制屋顶边界线，见图 6-2。注意，草图中屋顶外轮廓必须是闭合的环。也可以单击"绘制"面板下的"拾取墙"命令，按 ▐ 钮，在选项栏中勾选"定义坡度"复选框，制定楼板边缘的偏移量，同时勾选"延伸到墙中（至核心层）"复选框。拾取墙时将拾取到有涂层和构造层的复合墙体的核心边界位置，使用 Tab 键切换选择，可一次选中所有外墙，单击生成楼板边界，如出现交叉线条，使用"修剪"命令编辑成封闭楼板轮廓。或者单击"线"命令，如图 6-2 所示，用线绘制工具绘制封闭楼板轮廓。

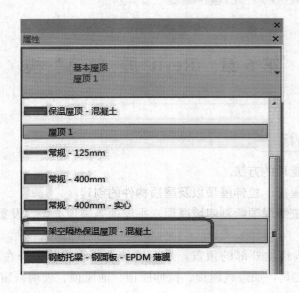

图 6-1

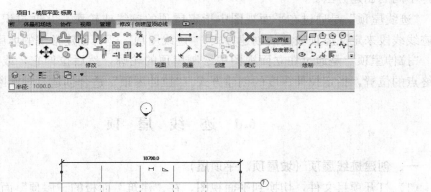

图 6-2

（3）在绘图区域选择"左"屋顶边界线并取消勾选工具栏中"定义坡度"参数，见图 6-3。"右"和"上"的边界线同此设置。需要注意的是，如取消勾选"定义坡度"复选框则生成平屋顶，见图 6-4。

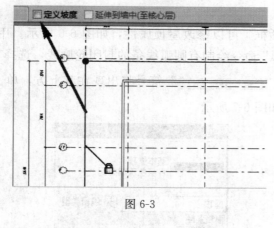

图 6-3

图 6-4

（4）定义坡度时也可以选择一条边界线，单击其一侧出现的符号"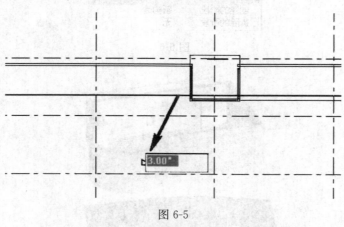"来修改坡度值，将其改为所要求的坡度，比如改为"3.00°"，见图 6-5。

图 6-5

（5）单击"　✓　"完成屋顶的绘制，打开三维视图查看屋顶。

二、创建圆锥屋顶

在"建筑"面板的"屋顶"下拉列表中选择"迹线屋顶"选项，进入绘制屋顶轮廓草图模式。

　　打开"属性"对话框，可以修改屋顶属性，如图 6-6 所示。用"拾取墙"或"线"或"起点-终点-半径弧"命令绘制有圆弧线条的封闭轮廓线，选择轮廓线，选项栏勾选"定义坡度"复选框，"⊿ 30.00°"符号将出现在其上方，单击角度值设置屋面坡度。单击完成绘制，如图 6-7 所示。

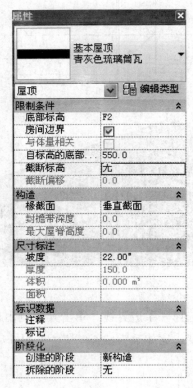

图 6-6

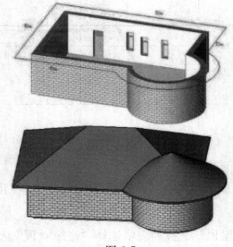

图 6-7

三、四面双坡屋顶

在"建筑"面板的"屋顶"下拉列表中选择"迹线屋顶"选项，进入绘制屋顶轮廓草图模式。

在选项栏取消勾选"定义坡度"复选框，用"拾取墙"或"线"命令绘制矩形轮廓。选择"参照平面" 绘制参照平面，调整临时尺寸使左、右参照平面间距等于矩形宽度。

在"修改"栏选择"拆分图元"选项，在右边参照平面处单击，将矩形长边分为两段。添加坡度箭头 选择"修改 屋顶""编辑迹线"选项卡，单击"绘制"面板中的"属性"按钮，设置坡度属性，单击完成屋顶，完成绘制，如图6-8所示。

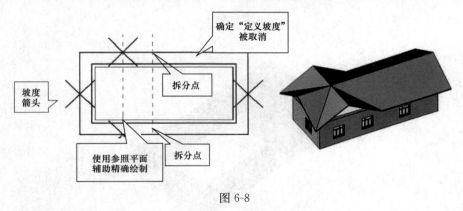

图 6-8

需要注意的是，单击坡度箭头可在"属性"中选择尾高和坡度，如图6-9所示。

属性	✕
<草图> (1)	∨ 🔲 编辑类型
限制条件	⌃
指定	尾高
最低处标高	默认
尾高度偏移	0.0
最高处标高	默认
头高度偏移	3000.0
尺寸标注	⌃
坡度	30.00°
长度	16500.0

图 6-9

四、双重斜坡屋顶（截断标高应用）

在"建筑"面板的"屋顶"下拉列表中选择"迹线屋顶"选项，进入绘制屋顶轮廓草图模式。

使用"拾取墙"或"线"命令绘制屋顶，在属性面板中设置"截断标高"和"截断偏移"，如图 6-10 所示。单击完成绘制，如图 6-11 所示。

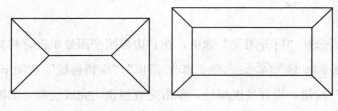

图 6-10

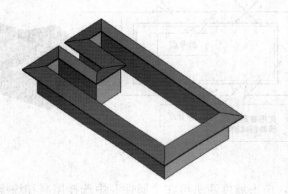

图 6-11

用"迹线屋顶"命令在截断标高上沿第一层屋顶洞口边线绘制第二层屋顶。如果两层屋顶的坡度相同，在"修改"选项卡的"编辑几何图形"中选择 **连接/取消连接屋顶** 选项，连接两个屋顶，隐藏屋顶的连接线，如图 6-12 所示。

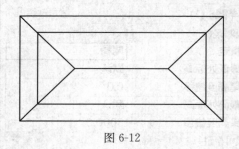

图 6-12

五、编辑迹线屋顶

选择迹线屋顶，单击屋顶，进入修改模式，单击"编辑迹线"命令，修改屋顶轮廓草图、完成屋顶设置。属性修改：在"属性"对话框中可修改所选屋顶的标高、偏移、截断层、椽截面、坡度等；在"类型属性"中可以设置屋顶的构造（构造、材质、厚度）、图形（粗略比例填充样式）等，如图 6-13 所示。

类型属性	
族(F)：系统族：基本屋顶	载入(L)...
类型(T)：常规 - 400mm	复制(D)...
	重命名(R)...

参数	值
构造	
结构	编辑...
默认的厚度	400.0
图形	
粗略比例填充样式	
粗略比例填充颜色	■黑色
标识数据	
注释记号	
型号	
制造商	
类型注释	
URL	
说明	
部件说明	
部件代码	
类型标记	

<< 预览(P)　　　确定　　　取消　　　应用

属性

基本屋顶
青灰色琉璃筒瓦

屋顶　　　编辑类型

限制条件	
底部标高	F2
房间边界	☑
与体量相关	
自标高的底部...	550.0
截断标高	无
截断偏移	0.0
构造	
椽截面	垂直截面
封檐带深度	0.0
最大屋脊高度	0.0
尺寸标注	
坡度	22.00°
厚度	150.0
体积	0.000 m³
面积	
标识数据	
注释	
标记	
阶段化	
创建的阶段	新构造
拆除的阶段	无

图 6-13

选择"修改"选项卡下"编辑几何图形"中的 [图标] 连接/取消连接屋顶 选项，连接屋顶到另一个屋顶或墙上，如图 6-14 所示。

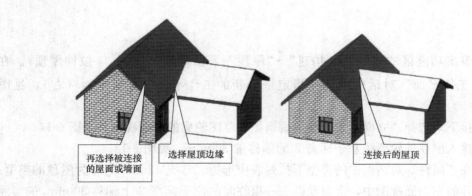

再选择被连接的屋面或墙面　　选择屋顶边缘　　　　连接后的屋顶

图 6-14

6.2 拉 伸 屋 顶

采用"拉伸"的方式创建屋顶同样是比较常见的屋顶创建方式，使用它可以创建具有简单坡度的屋顶，并且对"迹线屋顶"无法创建的异性断面屋顶，也可以用"拉伸"创建。

在此将简单介绍拉伸屋顶的创建。

（1）新建一个项目，打开 1F 平面视图，绘制一层墙体和相应参照平面，并给右侧的一根参考平面命名为"右"，见图 6-15。

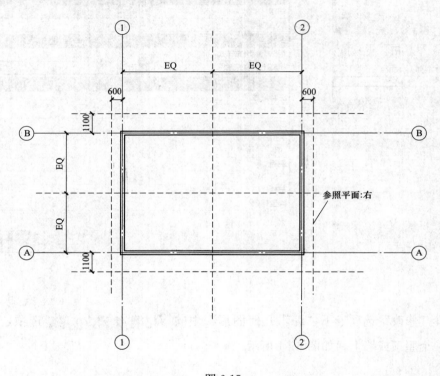

图 6-15

（2）单击功能区"建筑"→"构建"→"屋顶"下拉列表"→ ⛰（拉伸屋顶）。在打开的"工作平面"对话框中选择指定一个新的工作平面：参照平面（右），见图 6-16。

（3）接下来选择"立面：东"作为编辑屋顶草图轮廓的绘图视图，见图 6-17。

（4）输入屋顶外轮廓线基于标高 2 的偏移量 300mm，见图 6-18。

（5）在"属性"对话框中的类型下拉列表中选择"常规-125mm"作为屋顶的类型。然后在打开的东立面视图中，会自动高亮一根临时的位于标高 2 上偏移 300mm 的参照平面，利用它定位轮廓线的起点绘制屋顶的截面形状线，见图 6-19。

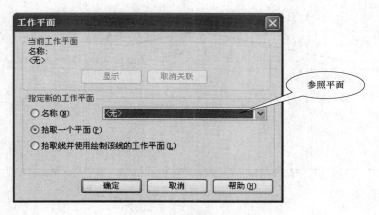

图 6-16

图 6-17

图 6-18

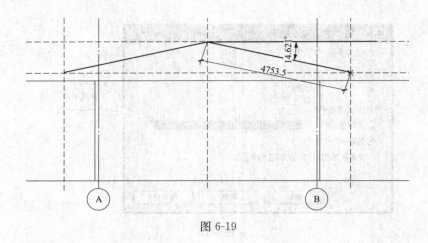

图 6-19

　　（6）单击"✔"完成屋顶的绘制。切换至"标高 1"视图，拖拽蓝色控制点到左侧参照平面并将其与屋顶边线锁定，见图 6-20。

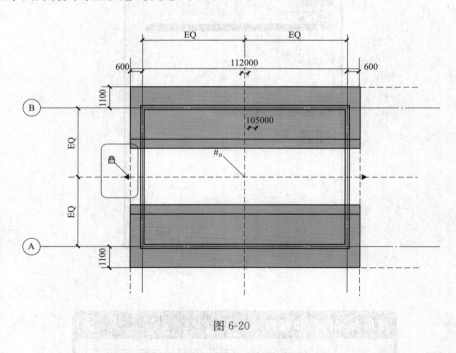

图 6-20

　　【提示】默认情况下，"标高 1"视图默认的"视图范围"看不到屋顶，可以通过调整"标高 1"的视图范围解决，见图 6-21。
　　（7）打开三维视图，先选择单个墙体并按住 Ctrl 键逐一添加其他墙体直至选中所有墙体，单击"修改墙"→"附着顶部/底部"，选择被附着的主体：屋顶，将墙体与屋顶连接起来，见图 6-22。

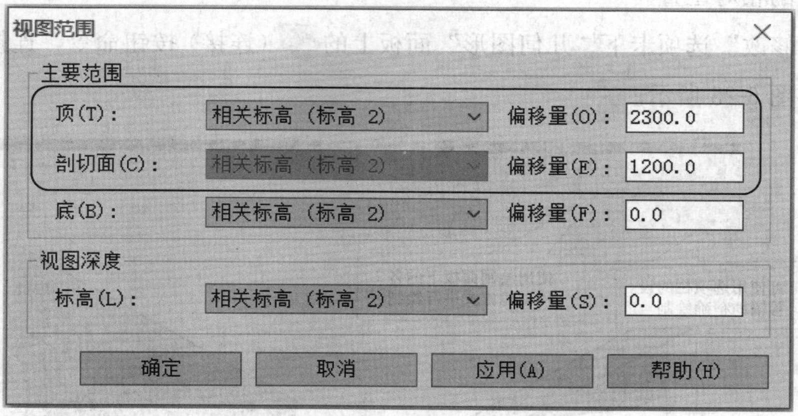

视图范围　　　　　　　　　　　　　　　　　　　　✕

主要范围

顶(T)：　　　相关标高（标高 2）　▾　　偏移量(O)：　2300.0

剖切面(C)：　相关标高（标高 2）　▾　　偏移量(E)：　1200.0

底(B)：　　　相关标高（标高 2）　▾　　偏移量(F)：　0.0

视图深度

标高(L)：　　相关标高（标高 2）　▾　　偏移量(S)：　0.0

确定　　　　　取消　　　　　应用(A)　　　　帮助(H)

图 6-21

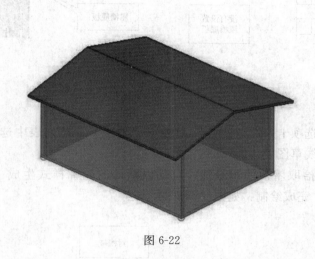

图 6-22

【提示】可以通过选择单个墙体，单击鼠标右键→选择全部实例→在视图中可见（整个项目中），达到选择所有墙体的目的，这种方法对在复杂项目中墙体的选择非常实用。

6.3　屋　顶　构　件

一、屋檐底板

选择"建筑"选项卡，在"构建"面板的"屋顶"下拉列表中选择"屋檐底边"命令选项，进入绘制轮廓草图模式。

单击"拾取屋顶"按钮选择屋顶，单击"拾取墙"命令选择墙体，自动生成轮廓线。使用"修剪"命令修剪轮廓线成一个或几个封闭的轮廓，完成绘制。

在立面视图中选择屋檐底板，修改"属性"参数"与标高的高度偏移"，设置屋檐底板与屋顶的相对位置。

单击"修改"选项卡下"几何图形"面板上的 (连接) 按钮命令，连接屋檐底板和屋顶，如图 6-23 所示。

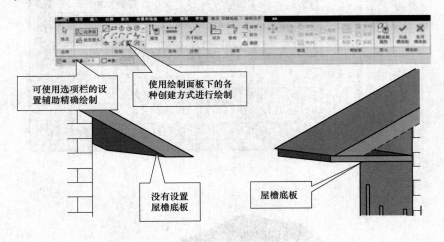

图 6-23

二、封檐带

选择"建筑"选项卡，在"构建"面板下"屋顶"下拉列表中选择"封檐带"选项，进入拾取轮廓线草图模式。

单击鼠标左键拾取屋顶的边缘线，自动以默认的轮廓样式生成"封檐带"，单击"当前完成"按钮，完成绘制，如图 6-24 所示。

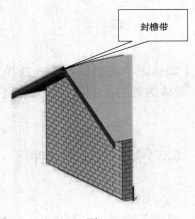

图 6-24

在立面视图中选择屋檐底板，修改"实例属性"参数为"设置垂直、水平轮廓偏移"，设置屋檐底板与屋顶的相对位置、封檐带的轮廓的角度值、轮廓样式及材质显示，如图 6-25 所示。

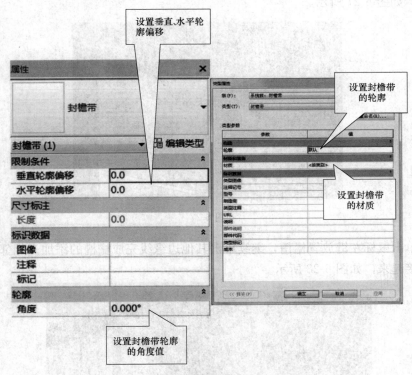

图 6-25

选择已创建的封檐带，自动跳转到"修改封檐带"选项卡，在"屋顶封檐带"面板中可以选择"添加/删除线段""修改斜接"选项，修改斜接的方式有"垂直""水平""垂足"三种方式，如图 6-26 所示。

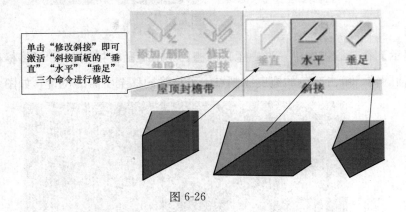

图 6-26

三、檐槽

（1）添加屋顶檐槽。切换至三维视图，单击功能区"建筑"→"构建"→"屋顶"下拉列表→ "屋顶：檐槽"，鼠标放在要放置檐槽的屋顶一侧的水平边缘，该边缘将被高亮显示，如图 6-27 所示。

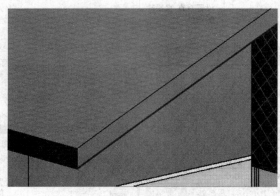

图 6-27

（2）单击鼠标左键放置檐槽，继续单击其他边缘线完成檐槽的添加。相邻的檐沟将被自动连接起来，如图 6-28 所示。

图 6-28

【提示】在三维视图中，选中屋顶檐槽，单击"翻转控制" ⬆ 可将檐槽围绕垂直轴或水平轴翻转。单击蓝色的拖曳控制点，可将檐槽移至所需的位置，如图 6-29 所示。

图 6-29

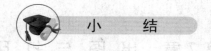

小 结

本章重点介绍了 Revit 中屋顶的创建，学会用迹线屋顶及拉伸屋顶绘制四坡屋顶、平屋顶以及曲线屋顶等屋顶类型，学会设置简单的屋顶构件及设置屋顶属性。

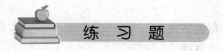

练 习 题

按照图 6-30 所示平、立面绘制屋顶，屋顶板厚均为 400mm，其他建模所需尺寸可参考平、立面图自定，结果以"屋顶"为文件保存在文件夹中。

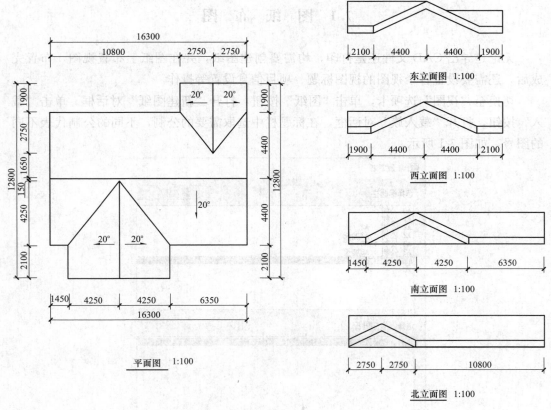

图 6-30

第7章 出图与打印

学习目标

1. 掌握图纸的创建和布置方法。
2. 掌握详图大样的生成方法。
3. 掌握导出 CAD 文件的操作过程。
4. 掌握打印的操作过程。

7.1 图 纸 布 图

无论是导出 CAD 文件还是打印，均需要创建图纸，并在图纸上布置视图，布置完成后，还需要设置各个视图的视图标题、项目信息设置等操作。

切换至"视图"选项卡，单击"图纸"按钮，打开"新建图纸"对话框。单击"载入"按钮，打开"载入族"对话框，在标题栏中选取需要的公制，不同的公制代表不同的图号，如图 7-1 所示。

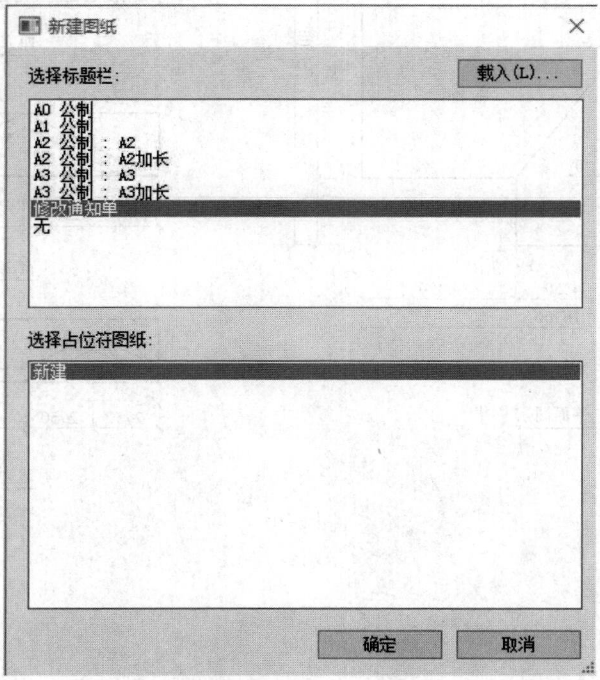

图 7-1

选取"A0 公制"选项，单击"确定"按钮，创建图框。

生成图纸以后，首先应该进行项目信息的管理。单击"管理"选项卡中的"项目信息"。将"客户姓名"一栏中改成"内蒙古建筑职业技术学院"，将"项目名称"改成"教学楼"如图 7-2 所示。

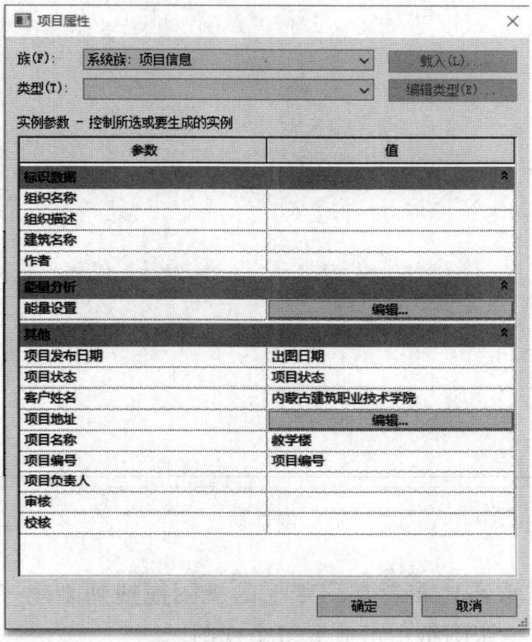

图 7-2

单击"确定"按钮后，生成的图框的客户姓名和项目名称一栏就改成了刚才输入的字符，如图 7-3、图 7-4 所示。

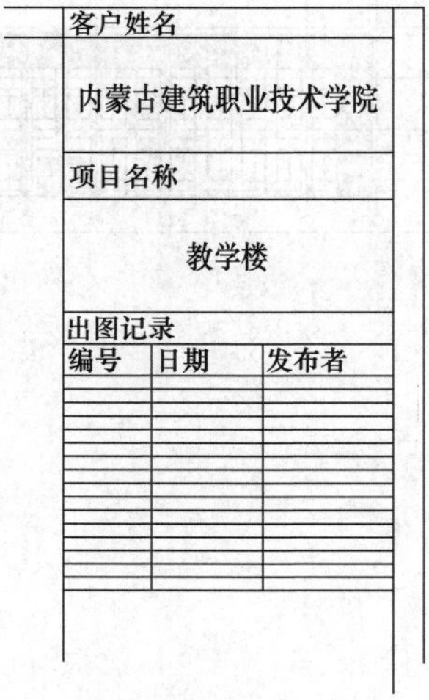

图 7-3

图 7-4

从项目浏览器中选取需要布置在图纸上的视图拖拽到刚建好的图框中，放置该视图，如图 7-5 所示，在一张图纸中可放置多个视图。

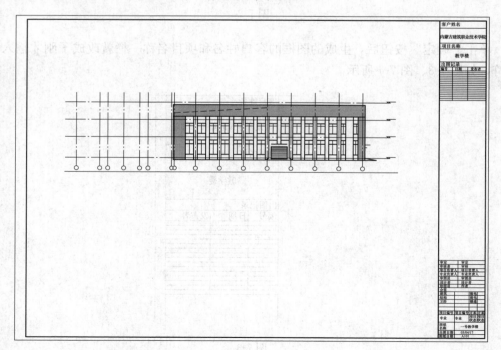

图 7-5

将视图拖进图纸以后，要对图名进行修改。首先在"项目浏览器"中"图纸"菜单中找到刚建立的图纸，单击右键"重命名"修改图名，以便日后的工作和管理。

单击拖进图纸的视图，查看属性。在属性中可以进行图纸比例的修改和图名的修改。单击第一项"视图比例"打开下拉菜单，从中可以选取 Revit 给定的一些比例。修改"图纸上的标题"为"东立面图"，则图纸上的图名改为"东立面图"，如图 7-6 所示。

图 7-6

7.2 详 图 大 样

在施工图设计过程中，详图不仅能体现出工程的重点和难点，同样能够体现出设计人员的基本功。在 Revit 中，用户可以创建详图索引视图和参照详图索引视图。

7.2.1 创建详图索引视图

打开建筑模型相应视图，在"视图"选项卡中单击"详图索引"，默认索引框为矩形，此时在视图中拖拽放置详图索引框即可。此时在"项目浏览器"中会出现详图视图，单击即可查看创建的索引视图，如图 7-7 所示。

索引框外边界可以为任意多边形，单击"详图索引"下拉菜单，选取"草图"，则可画任意闭合多边形进行索引框的编辑，也可以双击索引框进行边界的编辑。此外，在索引所在的详图视图中，也可以进行索引框的编辑。删除索引框的同时，详图所在的视图也会同时删除。

7.2.2 详图修改

详图索引视图创建以后，要对详图的具体做法加以标注、补充及修改。

一、详图线

单击"注释选项卡"中的"详图线"按钮，可以在详图中添加各类线性，可以绘制或者标注详图内容。

二、详图构建

单击"注释选项卡"中的"详图构件"按钮，在"属性"面板中的下拉菜单中可以

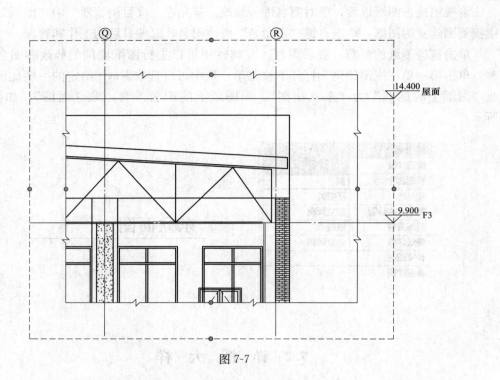

图 7-7

选择需要添加的详图构件。此外，单击"编辑类型"可以载入多种详图构件。如：载入/详图项目/结构/钢筋绘制方法/链接详图，如图 7-8 所示。

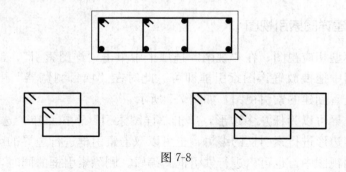

图 7-8

三、填充区域

单击"注释"选项卡中的"区域"按钮，在下拉菜单中选择"填充区域"，绘制填充区域边界线。单击填充区域，在"属性"面板中单击"编辑类型"可进行填充属性的编辑，包括填充样式、线性、颜色等。

四、隔热层

在详图过程中经常需要添加隔热层的标注，在 Revit 中，可以直接单击"隔热层"工具来进行隔热层的添加。添加隔热层后，可以在"属性"面板中修改隔热层宽度和隔热层线之间的膨胀尺寸，如图 7-9 所示。

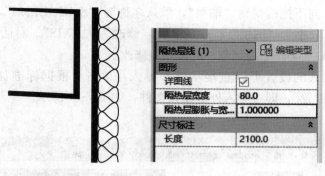

图 7-9

7.3 图纸导出及打印

图纸布置完成后，可以通过打印机直接打印，或将指定文件导出为 CAD 文件，以便进行下一步的修改及保存。

7.3.1 导出为 CAD 文件

在 Revit 中完成所有图纸的布置之后，可以将生成的文件导成 DWG 格式的 CAD 文件。

要导出 DWG 格式的文件，首先要对 Revit 以及 DWG 之间的映射格式进行设置。由于在 Revit 中使用构件类别的方式进行图形管理，而 CAD 图纸中是使用图层进行管理，所以，必须对构件类别以及 DWG 当中的图层进行映射设置。单击"应用程序菜单"，选择"导出"→"选项"→"导出设置 DWG/DXF"选项，打开"修改 DWG/DXF 导出设置"对话框，如图 7-10 所示。

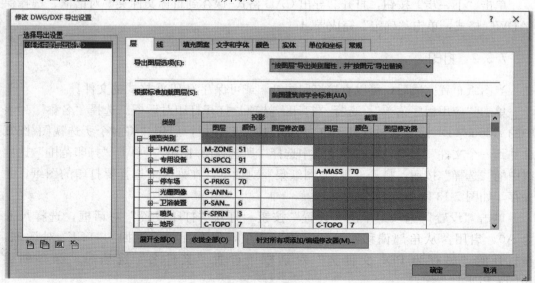

图 7-10

　　以轴网为例，向下拖拽找到"轴网"，默认名称为"S-GRIDIDM"，CAD 的常用图层名称为"AXIS"，单击"图层"栏中的名称，修改为"AXIS"。对话框中的颜色选项也对应到处"DWG"文件中的颜色，应做相应修改。

　　此外，映射格式的设置可以直接从外部导入，单击"根据标准加载图层"，选择"从以下文件加载设置"，即可导入外部设置文件，如图 7-11 所示。

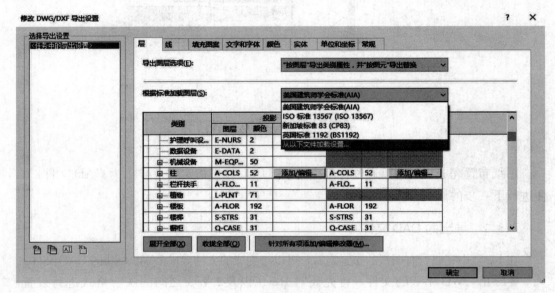

图 7-11

　　单击"确定"按钮，完成映射选项设置。单击"应用程序菜单"按钮，选择"导出"→"导出 CAD 格式"DWG 选项，打开对话框，如图 7-12 所示。

　　单击"下一步"按钮，打开"导出 CAD 格式-保存到目标文件夹"对话框，选择保存 DWG 格式，单击"确定"完成导出。

7.3.2　打印

　　当图纸布置完成后，可以直接打印图纸，或可保存为 PDF 格式的文件。

　　单击"应用程序菜单"，选择"打印"选项，打开打印对话框。选择"名称"列表中的 Adobe PDF 选项，设置打印机为 PDF 虚拟打印机，启用"将多个所选视图/图纸合并到一个文件"选项，在打印范围中选择"所选视图/图纸"。单击"打印范围"选项组中的"选择"按钮，打开"视图/图纸集"对话框，在列表中选择要打印的图纸，并保存，如图 7-13 所示。

　　单击"设置"选项组中的"设置"按钮，打开"打印设置"对话框，选择尺寸为 A0，启用"从角部偏移"及"缩放"选项，保存配置。返回"打印"对话框，在打开的"另存为 PDF 文件为"对话框中设置"文件名"选项后，保存创建 Adobe PDF。

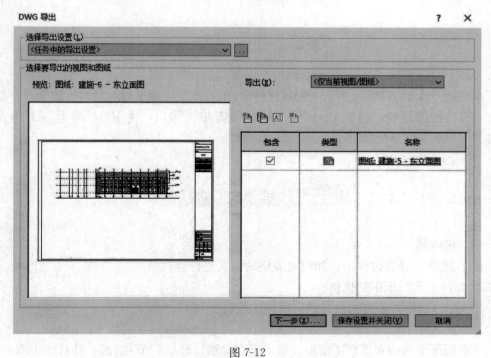

图 7-12

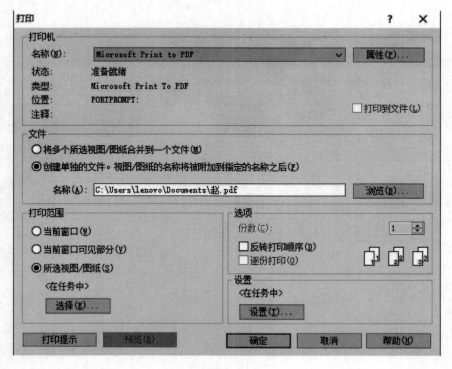

图 7-13

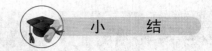

小　　结

本章重点介绍了 Revit 2015 出图与打印的相关知识，通过对本章知识的学习，掌握图纸布置、详图绘制、转换 CAD 图形与打印等相关知识，使 Revit 模型与工程直接对接。

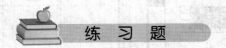

练　习　题

一、思考题

1. 在图纸布置的过程中，如何对表格的形式进行修改？

2. 如何更改图纸中的比例？

3. 导出 CAD 时如何能快速进行图层的映射？

二、实训题

将前面所学内容布置在图框中，绘出节点详图，转成 CAD 格式，并打印出图。

第 8 章　BIM 应用案例

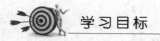 学习目标

掌握 Revit 2015 在案例中建模的全过程。

8.1 设 计 说 明

根据以下平面图及立面图给定的尺寸，建立如图 8-1 所示的别墅建筑模型。

一、基本建模

（1）建立墙体模型，其中内墙厚度均为 100mm，外墙厚度均为 240mm，墙体材料自定。

（2）建立各层楼板模型，其中各层楼板厚度均为 150mm，顶部均与各层标高平齐，并放置楼梯模型，扶手尺寸取适当值即可。

（3）建立屋顶模型，其中屋顶为坡屋顶，厚度为 400mm，各坡面坡度均为 25 度。

二、布置门窗

（1）按平、立面要求，布置内外门窗，其中外墙门窗布置位置需精确，内部门窗对位置不作精确要求，采用建模软件内置构件集即可。

（2）门构件集共有 6 种型号 M1、M2、M3、M4、M5、M6。

（3）窗构件集共有 4 种型号 C1、C2、C3、C4。

三、建立图纸与明细表

建立平面及立面图，并进行基本尺寸及房间、门窗的标注，如图 8-1～图 8-8 所示。

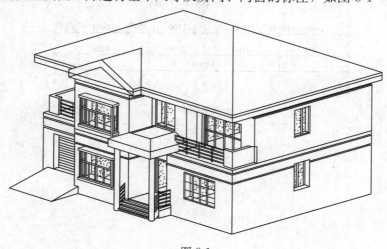

图 8-1

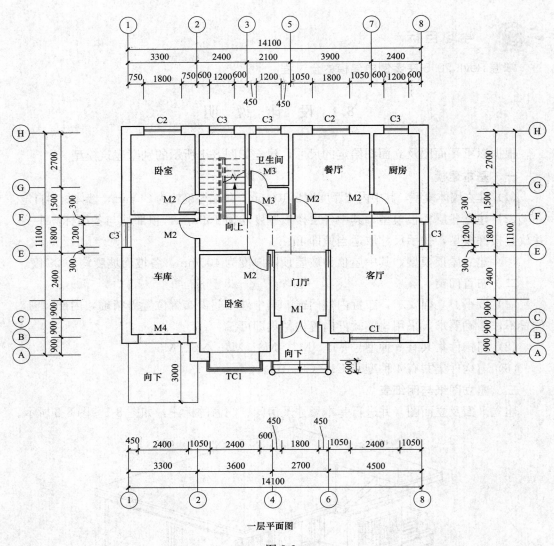

一层平面图

图 8-2

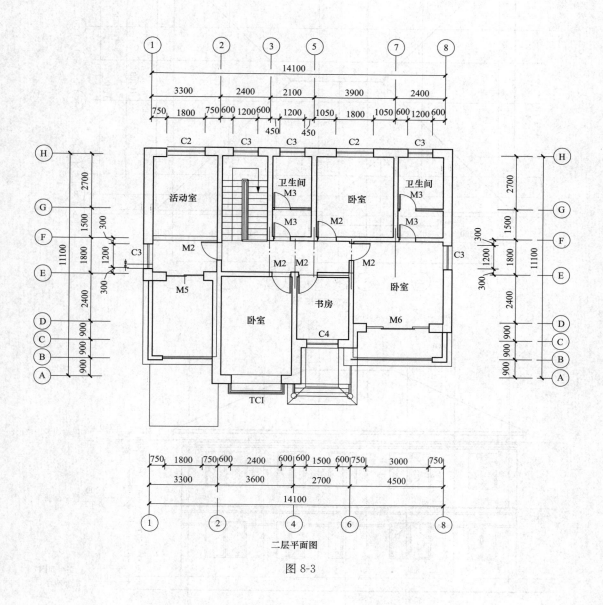

二层平面图

图 8-3

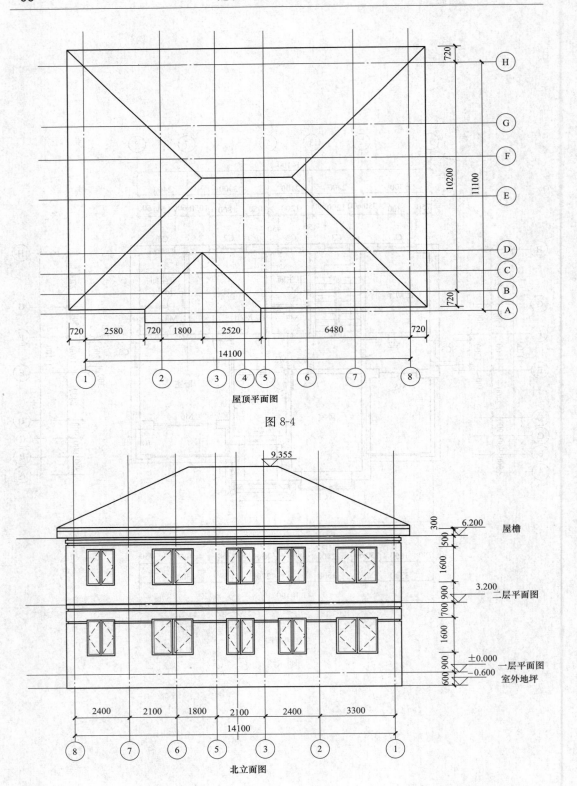

屋顶平面图

图 8-4

北立面图

图 8-5

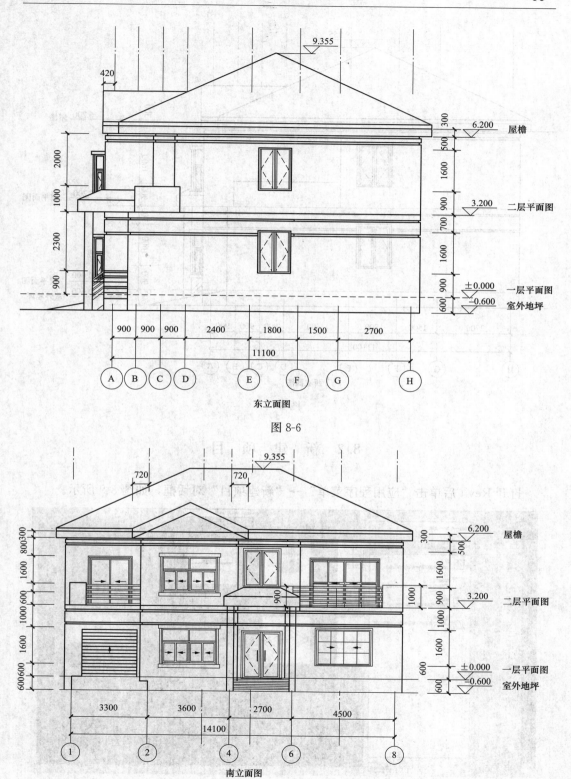

东立面图

图 8-6

南立面图

图 8-7

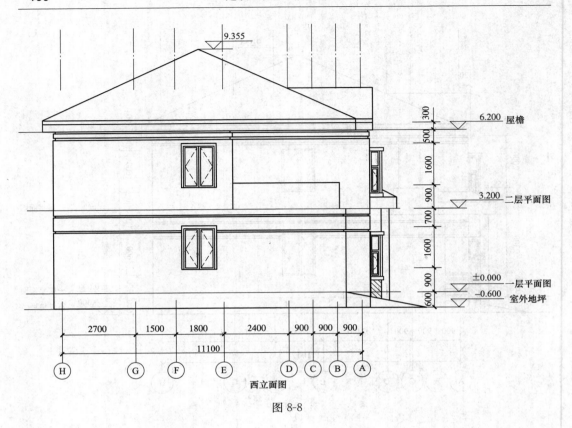

图 8-8

8.2　新　建　项　目

打开 Revit 后单击"应用程序菜单"→"新建项目"对话框，如图 8-9 所示。

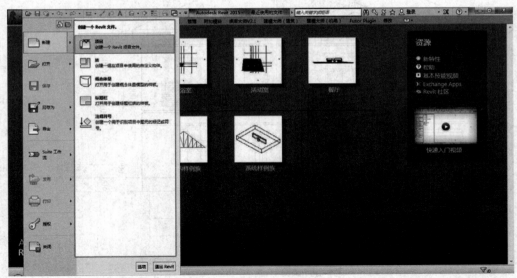

图 8-9

单击"构造样板"按钮，选择"建筑样板"，如图 8-10 所示。

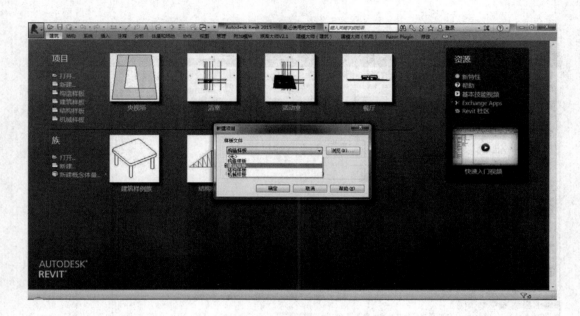

图 8-10

选择"项目"，单击"确定"按钮，如图 8-11 所示。

图 8-11

8.3　绘制标高和轴网

一、绘制标高

在左侧 Revit 项目浏览器中，打开任何一个立面图视图，双击选择"东立面"视图，如图 8-12 所示。

软件默认给出两个标高，框选"删除"，单击"确定"按钮，如图 8-13 所示。

单击"建筑"选项卡→"标高"，如图 8-14 和图 8-15 所示。

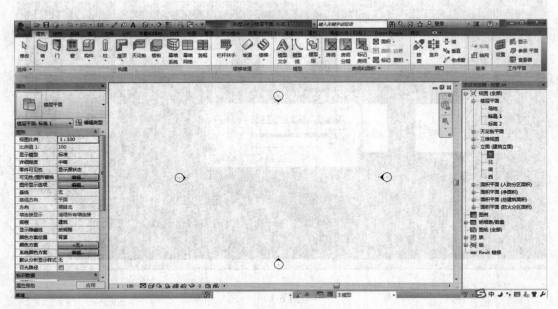

图 8-12

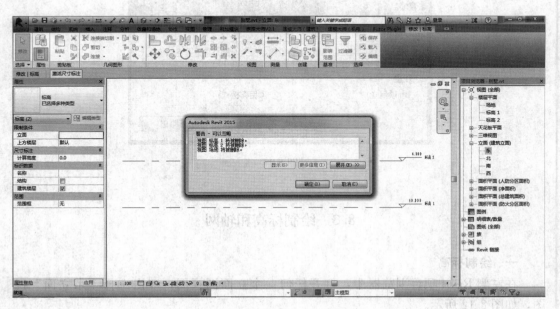

图 8-13

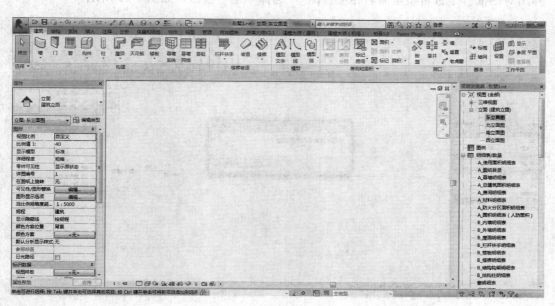

图 8-14

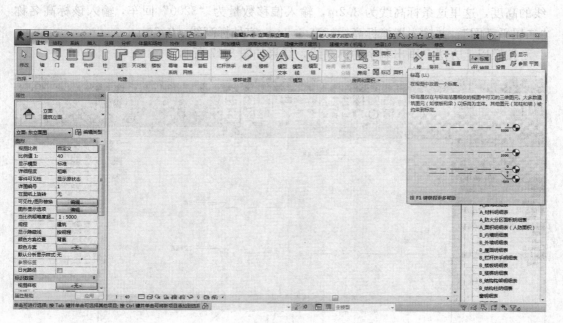

图 8-15

　　将鼠标从左向右画一条直线，输入标高值"0"和该标高名称"一层平面图"，软件弹出对话框"是否希望重命名相应视图"，选择"是"按钮，如图 8-16 所示。

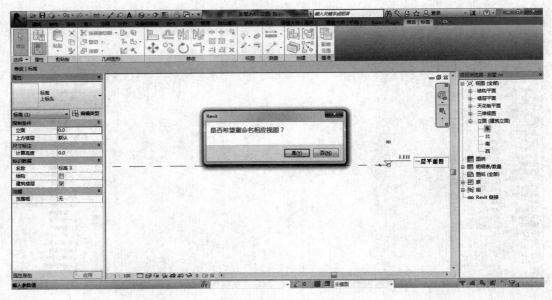

图 8-16

　　将鼠标移动至标高线左侧端点，直至出现竖向虚线捕捉线，输入需要偏移于该标高线的高度，这里这条标高线为 3.2m，输入偏移数量为"3200"回车，输入该标高名称"二层平面图"，并输入屋檐标高线标高 6.2m，室外标高线－0.6m。

　　按照以上方法，画出剩余的标高线，结果如图 8-17 所示。

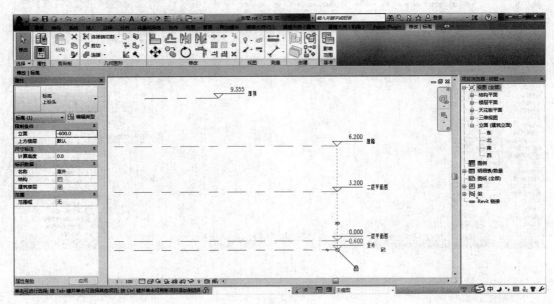

图 8-17

二、绘制轴网

建立好标高以后，绘制轴网。到"项目"浏览器→"楼层平面"，双击"一层建筑平面图"，如图 8-18 所示。

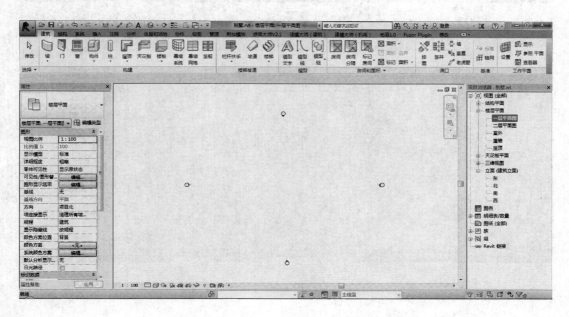

图 8-18

单击"建筑"选项卡→"轴网"，如图 8-19 所示。

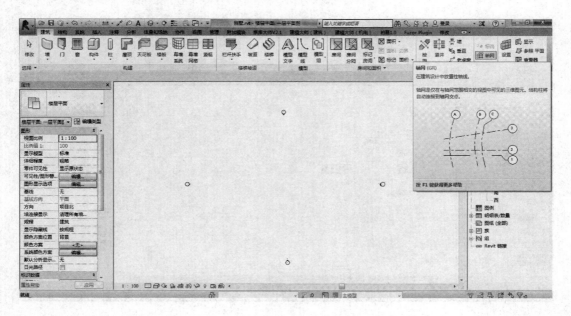

图 8-19

自上而下绘制一条轴线，如图 8-20 所示。

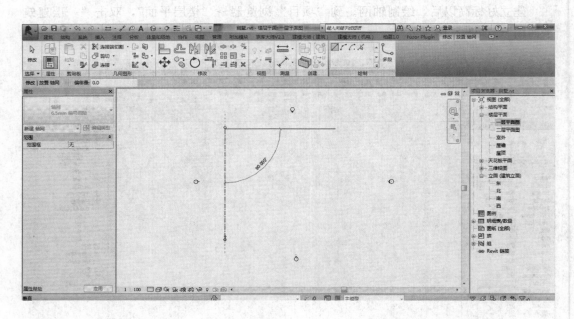

图 8-20

将鼠标放在轴网一段，向右移动，出现一条水平的虚线捕捉线，然后输入数据"3300"，回车键绘制出第二条轴线，如图 8-21 所示。

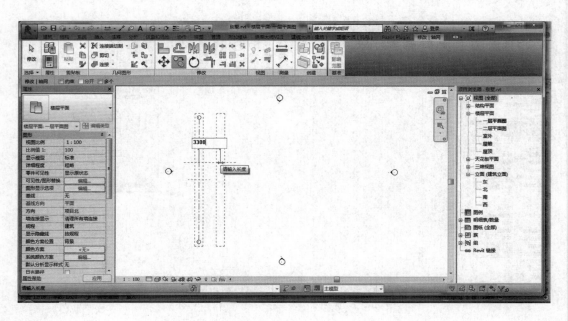

图 8-21

依照以上方法，绘制出所有纵向轴网，如图 8-22 所示。

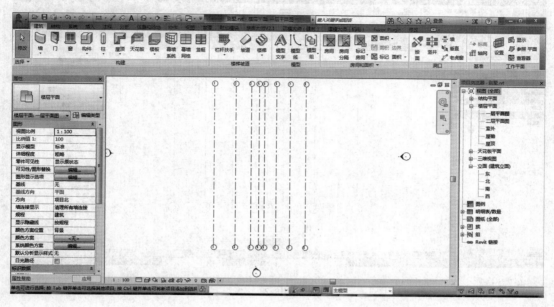

图 8-22

鼠标选中下轴网，出现锁定按钮。单击锁定按钮，解锁轴网，如图 8-23 所示。

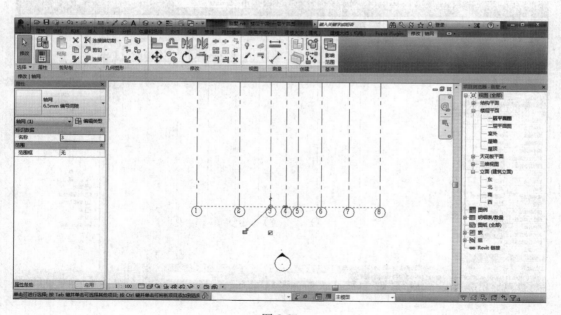

图 8-23

取消方框中的对勾，如图 8-24 所示。

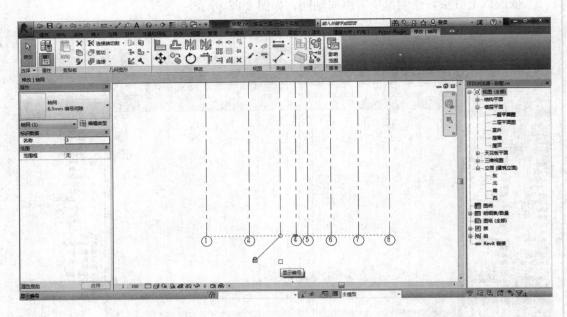

图 8-24

通过同样的方法取消 3、5、7 轴下标头的显示编号，如图 8-25 所示。

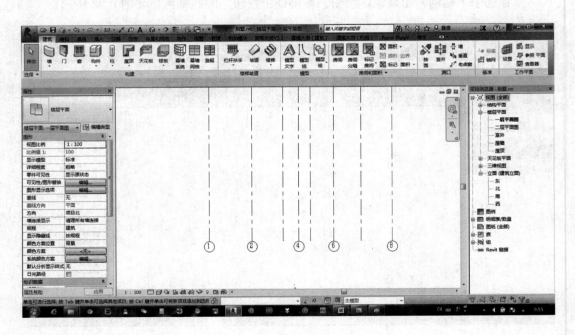

图 8-25

取消 4、6 轴上标头的显示编号，如图 8-26 所示。

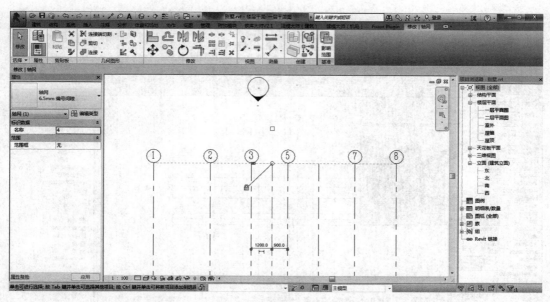

图 8-26

根据上述方法，画出横向轴网，如图 8-27 所示。

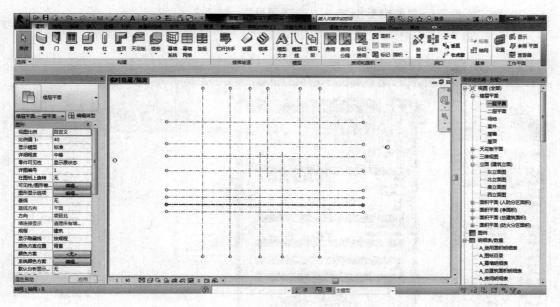

图 8-27

8.4　绘　制　墙

选择建筑选项卡，"墙" → "建筑墙"，如图 8-28 所示。

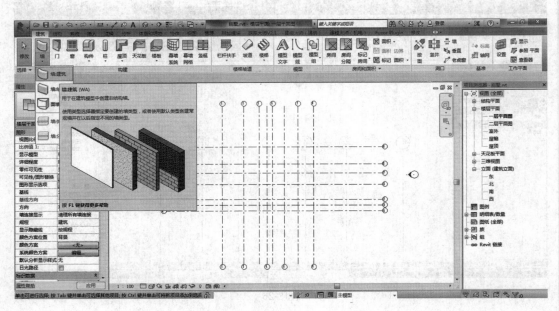

图 8-28

选择"属性"→"编辑类型"→"类型属性",如图 8-29 所示。

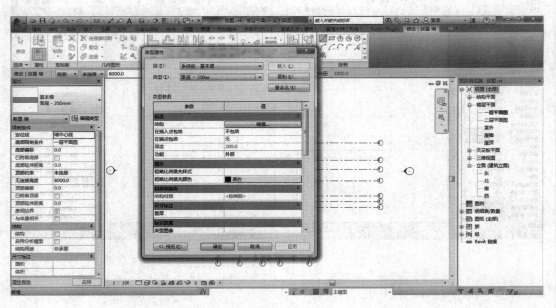

图 8-29

单击"复制"按钮,名称修改为 240mm,如图 8-30 所示。

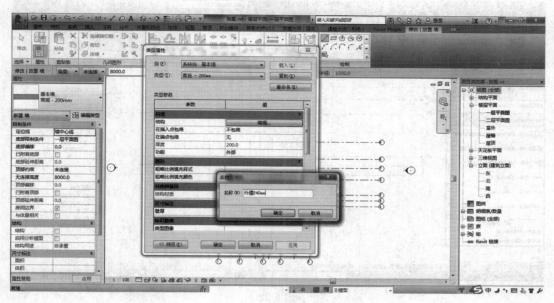

图 8-30

单击"确定"按钮，用同样的方法新建内墙 100mm，如图 8-31 所示。

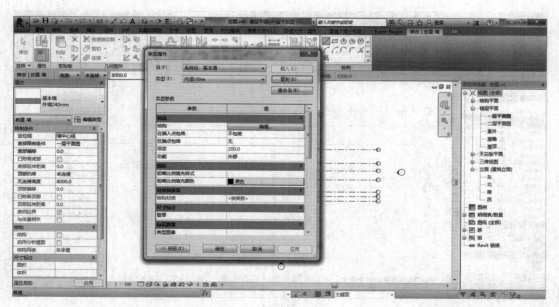

图 8-31

接着在属性中切换为外墙 240mm，如图 8-32 所示。

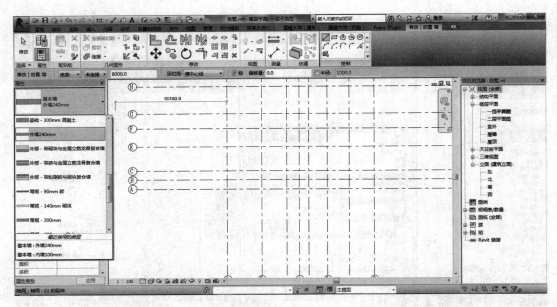

图 8-32

选好以后，修改属性窗口中底部限制条件为"室外"，顶部约束条件"二层平面图"，如图 8-33 所示。

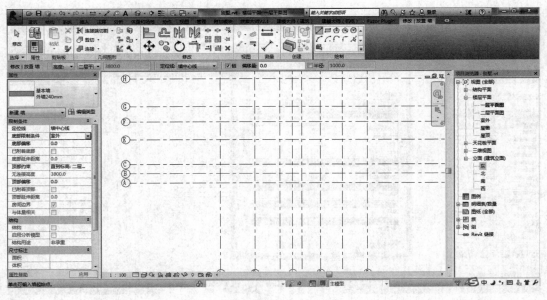

图 8-33

选择 1 轴和 A 轴的交点，单击鼠标左键，如图 8-34 所示。

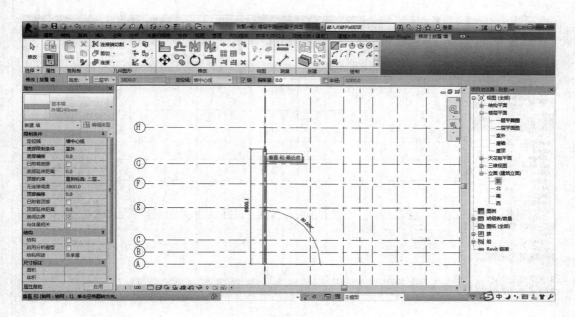

图 8-34

绘制到 1 轴与 H 轴的交点，单击鼠标左键，如图 8-35 所示。

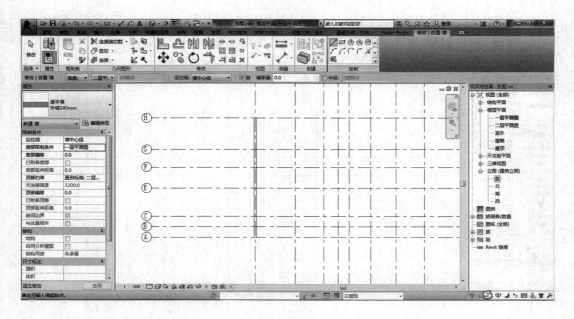

图 8-35

同样的方法切换的内墙 100mm，如图 8-36 所示。

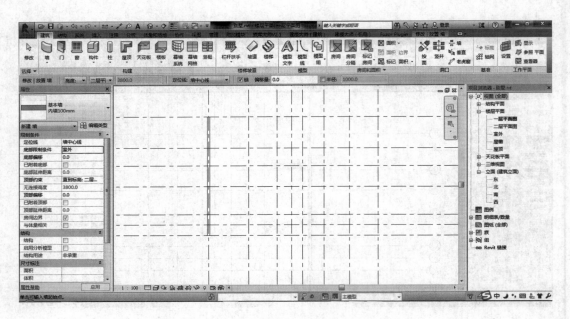

图 8-36

找到 2 轴与 B 轴的交点，单击鼠标左键绘制第一个点，将鼠标托到 2 轴与 H 轴的交点处绘制第二个点，如图 8-37 所示。

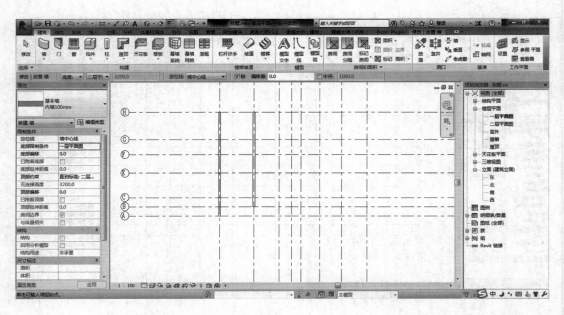

图 8-37

按照以上方法绘制出一层所有的墙，如图 8-38 所示。

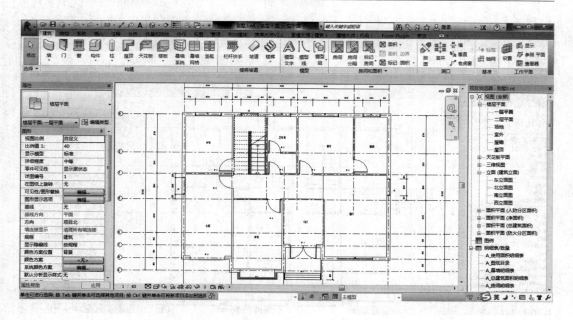

图 8-38

绘制第二层所有墙，在绘制二层墙时，属性设置底部限制条件为"二层平面图"，顶部限制条件为"屋檐"，如图 8-39 所示。

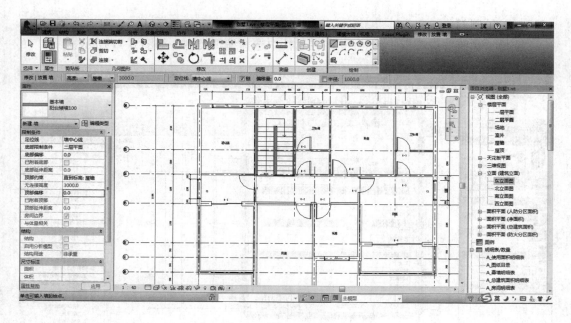

图 8-39

绘制完二层墙体，如图 8-40 所示。

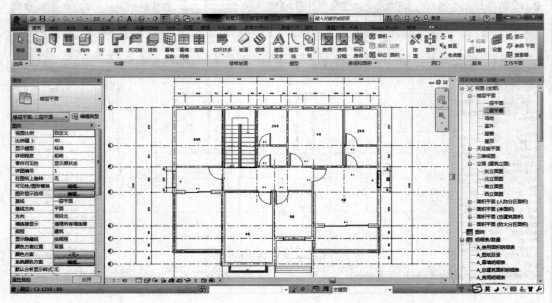

图 8-40

8.5 绘 制 门 窗

一、绘制门

选择"建筑"选项卡中的"门",在属性中选择编辑类型,如图 8-41 所示。

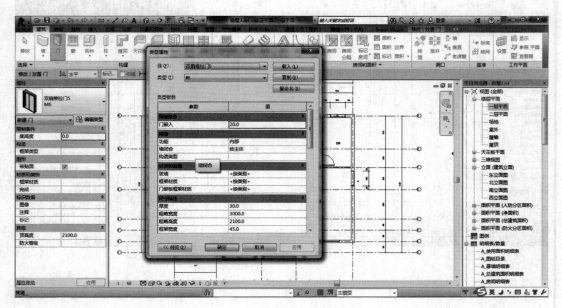

图 8-41

在弹出的"类型属性"对话框中选择"载入",如图 8-42 所示。

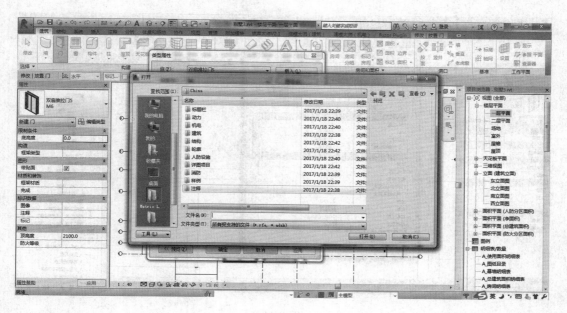

图 8-42

依次选择文件夹"建筑"→"门"→"普通门"→"平开门"→"双扇"→"双面嵌板玻璃门",单击"复制"按钮,修改门的尺寸为 1800×2100,如图 8-43 所示。

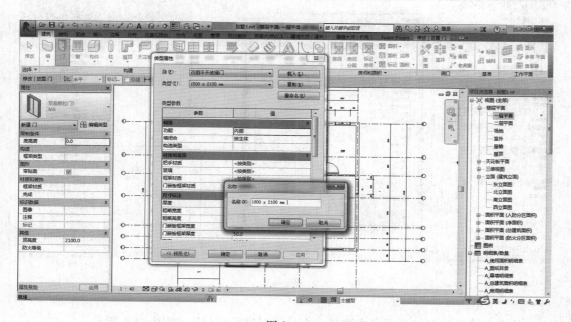

图 8-43

修改宽度为 1800，高度为 2100，标记类型 M1，如图 8-44、图 8-45 所示。

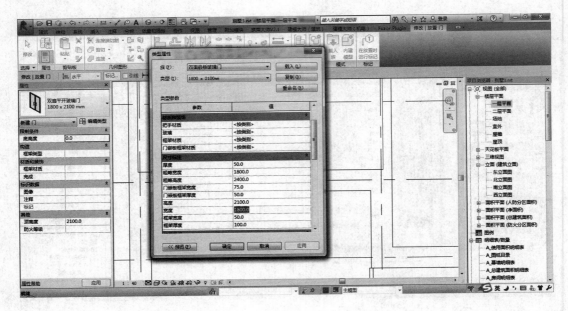

图 8-44

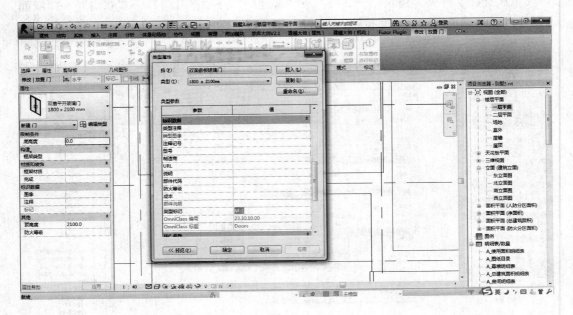

图 8-45

接着在修改放置门选项卡中选择"在放置时进行标记"，如图 8-46 所示。
对照图纸找到 M1 所在的位置，单击鼠标左键放置门，如图 8-47 所示。

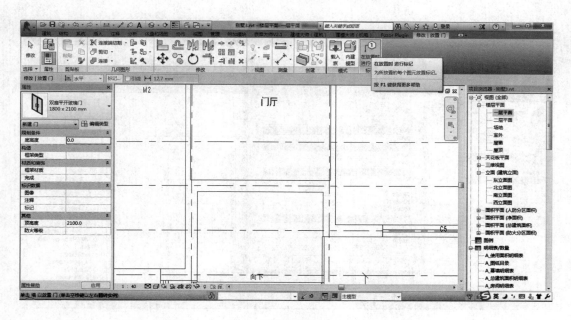

图 8-46

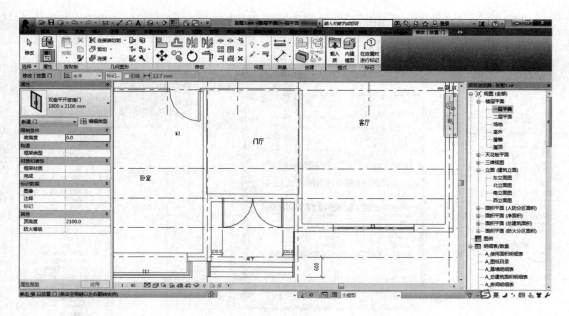

图 8-47

门的精确位置可以拖动软件中的小蓝点，进行数据的修改。

二、绘制窗

同样的方法，选择"建筑"选项卡中的"窗"，在属性中选择编辑类型，如图 8-48 所示。

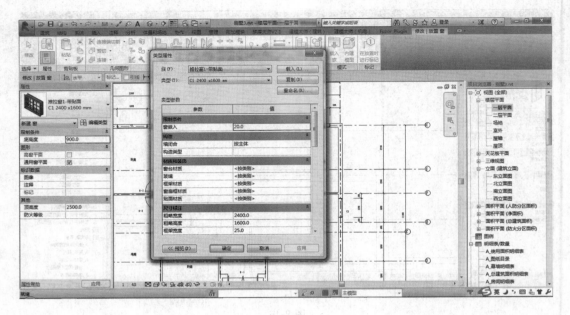

图 8-48

单击载入"建筑"→"窗"→"推拉窗",选择推拉窗,如图 8-49 所示。

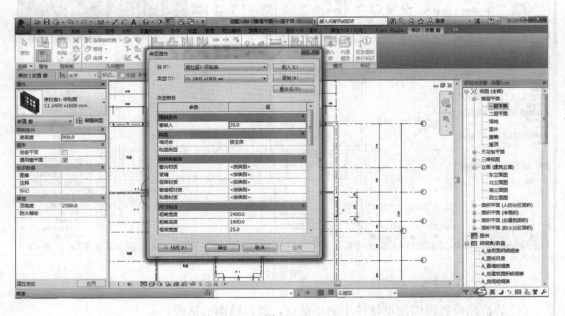

图 8-49

修改窗的尺寸宽度为 2400,高度为 1600,类型标记 C1,如图 8-50 所示。

在修改放置窗项卡中选择"在放置时进行标记",如图 8-51 所示。

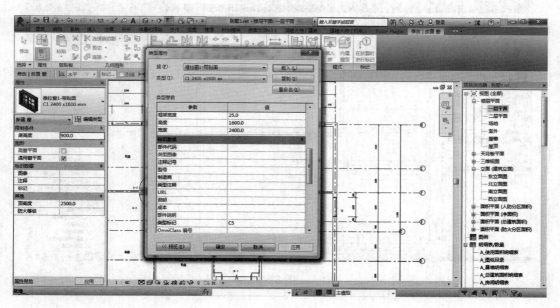

图 8-50

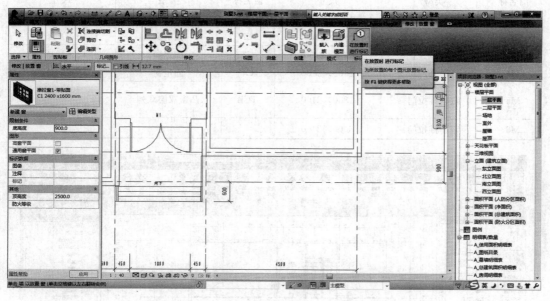

图 8-51

对照图纸找到 C1 所在的位置，单击鼠标左键放置窗，如图 8-52 所示。

窗的精确位置可以拖动软件中的小蓝点，进行数据的修改。

所有门窗的数据可参考表 8-1。

根据以上方法绘制出所有门和窗，绘制完一层和二层门窗，如图 8-53、图 8-54 所示。

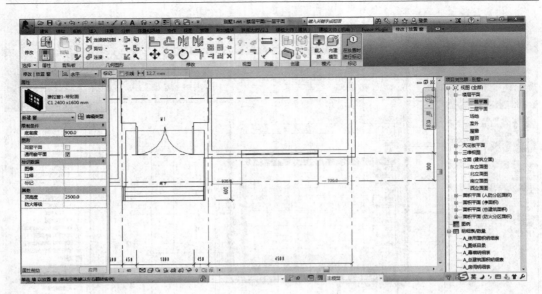

图 8-52

表 8-1　　　　　　　　　　　　**门窗尺寸表**　　　　　　　　　　　　mm

门名称	类型	尺寸	窗名称	类型	尺寸
M1	双扇平开玻璃门	1800×2100	C1	推拉窗	2400×1600
M2	单扇木门	900×2100	C2	固定窗	1600×1800
M3	单扇木门	800×2100	C3	固定窗	1200×1600
M4	滑升门	2400×2100	C4	固定窗	1600×1500
M5	双扇推拉门	1800×2100	TCL	凸窗双层双列	K2400×h1600 窗外外挑 500
M6	双扇推拉门	3000×2100			

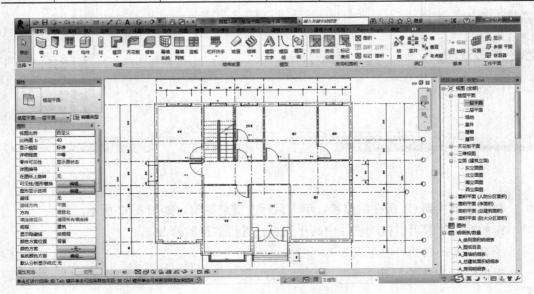

图 8-53

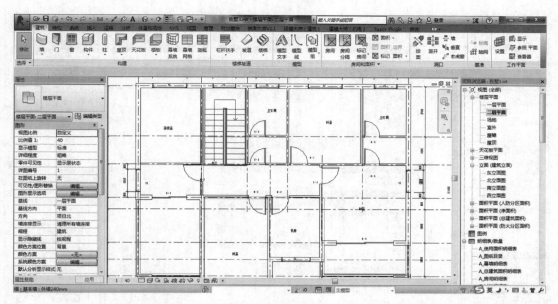

图 8-54

8.6　绘　制　板

选择建筑选项卡"楼板"→"建筑楼板",如图 8-55 所示。

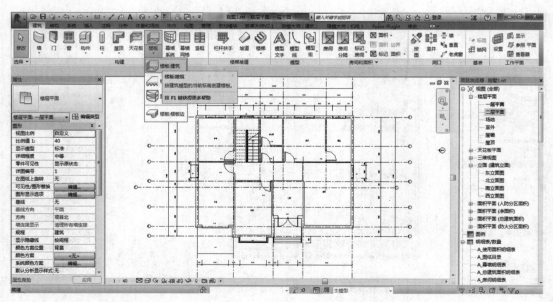

图 8-55

单击"属性"→"编辑类型",单击"复制"按钮,填写楼板,如图 8-56 所示。

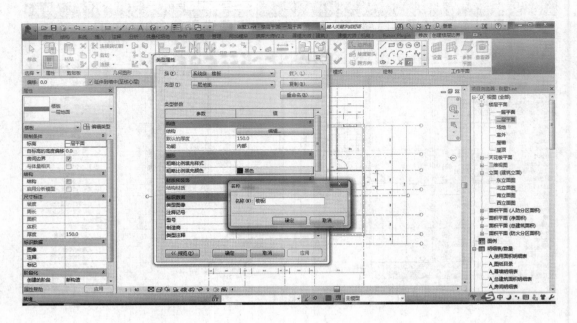

图 8-56

在"类型属性"中选择编辑，修改厚度为 150，如图 8-57 所示。

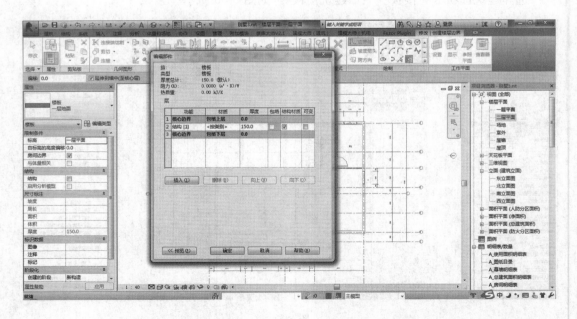

图 8-57

选择直线绘制，如图 8-58 所示。

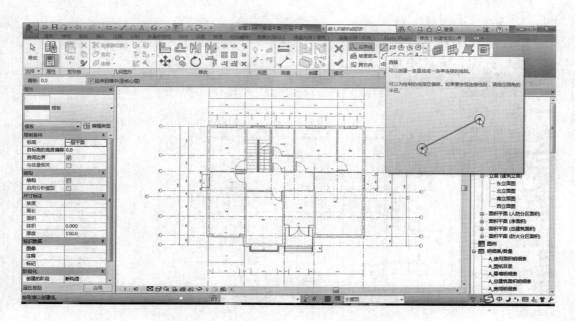

图 8-58

在属性标高中选择一层平面，如图 8-59 所示。

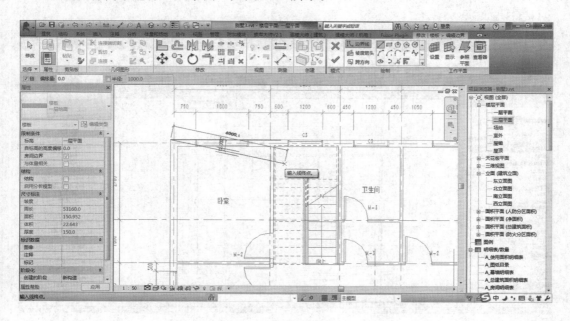

图 8-59

沿着墙的外边线绘制板的轮廓，如图 8-60 所示。

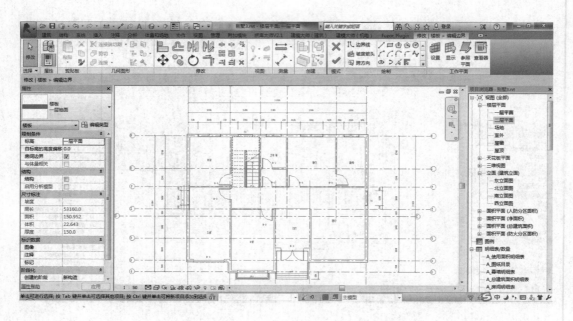

图 8-60

然后，单击"修改楼板"选项卡的对勾，如图 8-61 所示。

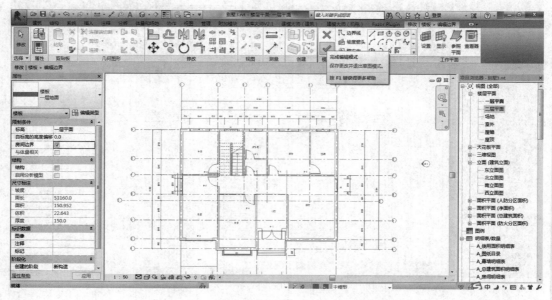

图 8-61

按照上述方法绘制出二层的楼板，如图 8-62 所示。

需要注意的是，在实际建模过程中，需要根据结构构造进行建模。

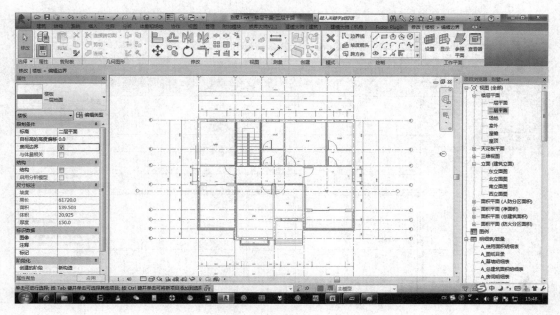

图 8-62

8.7 绘 制 楼 梯

选择建筑选项卡，参照平面，选择拾取线，偏移量填写 529.5，如图 8-63 所示。

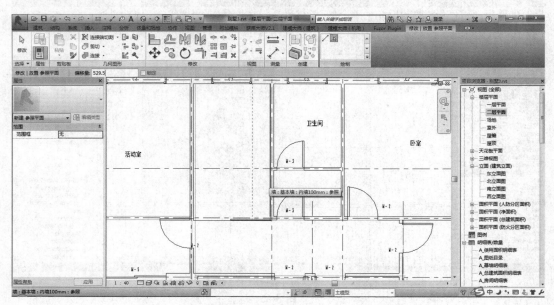

图 8-63

捕捉 2 轴 3 轴墙的楼梯一侧边线，单鼠标左键画出参照平面，如图 8-64 所示。

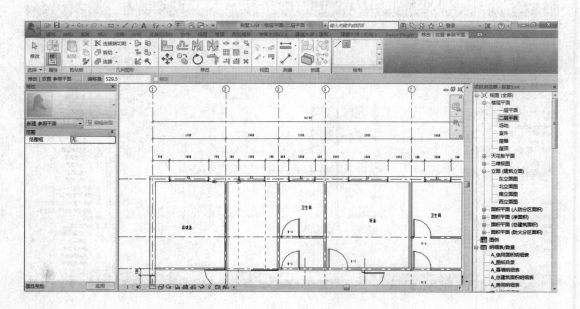

图 8-64

选择建筑选项卡"楼梯"→"按构件",如图 8-65 所示。

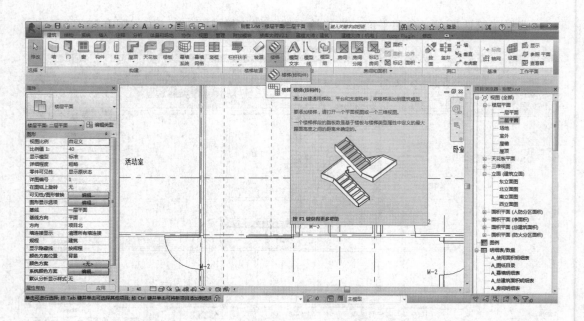

图 8-65

选择"属性"→"编辑类型","族"→"现场浇筑楼梯",如图 8-66 所示。

图 8-66

填写楼梯宽度 1059，最小踏步深度 300，单击"确定"按钮，如图 8-67 所示。

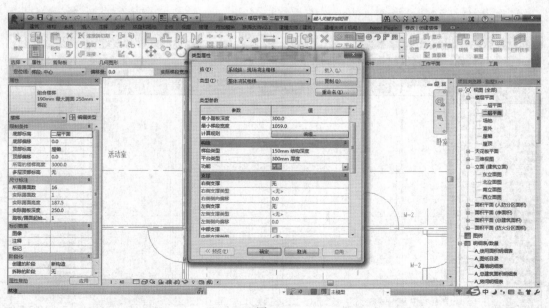

图 8-67

接着修改属性，所需踢面数 22 个，底部标高一层平面，顶部标高二层平面，如图 8-68 所示。

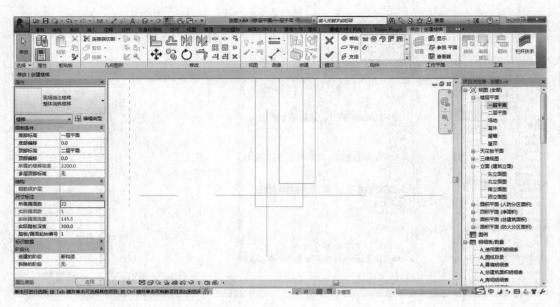

图 8-68

修改创建楼梯选项卡，选择梯段，找到第一段楼梯的交点绘制第一点，如图 8-69 所示。

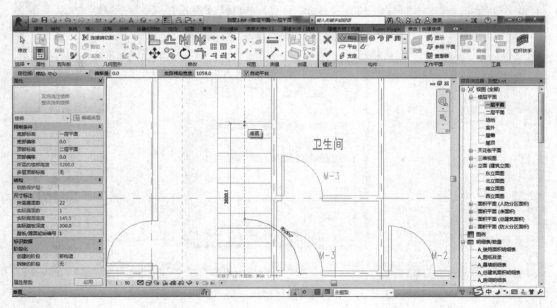

图 8-69

绘制完第一段，绘制第二段楼梯，如图 8-70 所示。

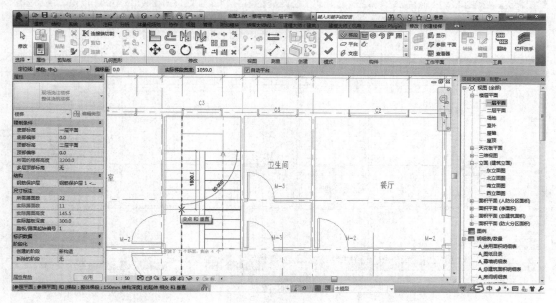

图 8-70

绘制完的图形如图 8-71 所示。

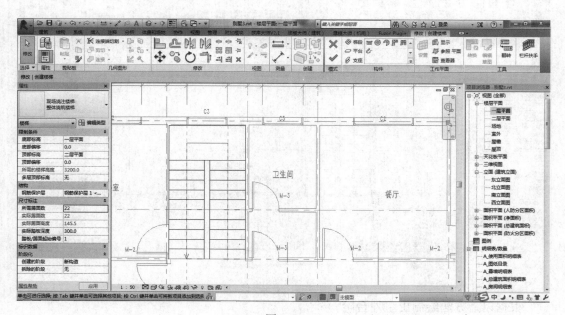

图 8-71

单击"修改创建楼梯"选项卡中的对勾。删除靠墙一侧的栏杆扶手,如图 8-72 所示。

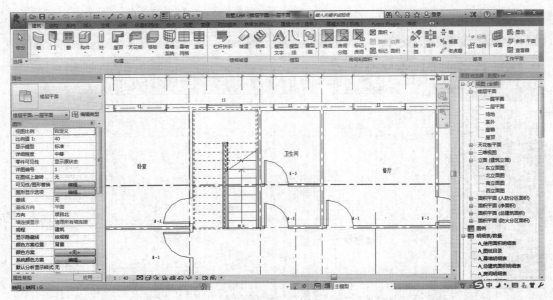

图 8-72

按照同样的方法绘制二层的楼梯，如图 8-73 所示。

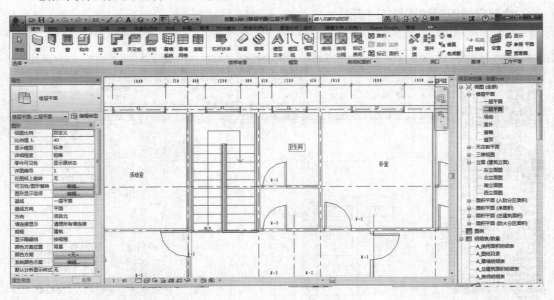

图 8-73

根据以上方法绘制出室外台阶。

8.8 绘 制 屋 顶

切换到屋檐平面图，选择"建筑"选项卡→"屋顶"→"迹线屋顶"，如图 8-74 所示。

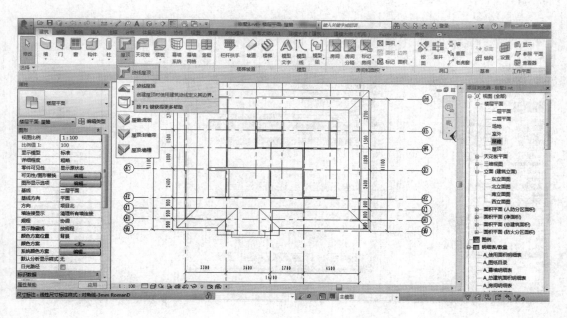

图 8-74

单击"属性"→"编辑类型",弹出"类型属性"对话框,如图 8-75 所示。

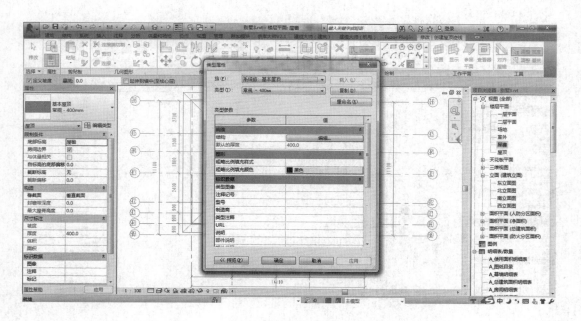

图 8-75

单击"编辑",修改屋顶厚度为 400,如图 8-76 所示。

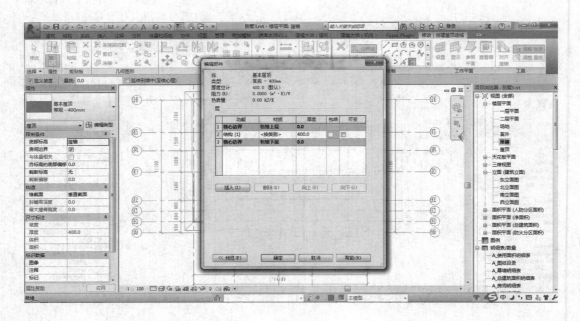

图 8-76

选择修改创建屋顶迹线选项卡中的拾取线，填写偏移量为 720，如图 8-77 所示。

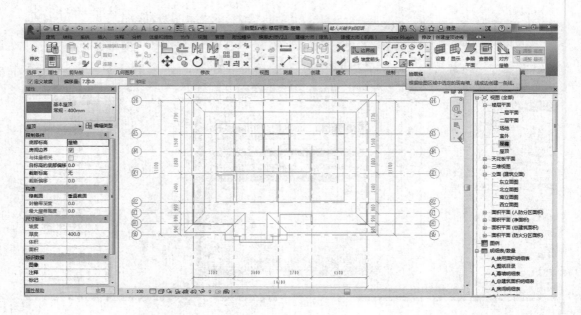

图 8-77

选择外墙外边线，选择外墙的外边线，绘制图纸给出的轮廓，如图 8-78 所示。

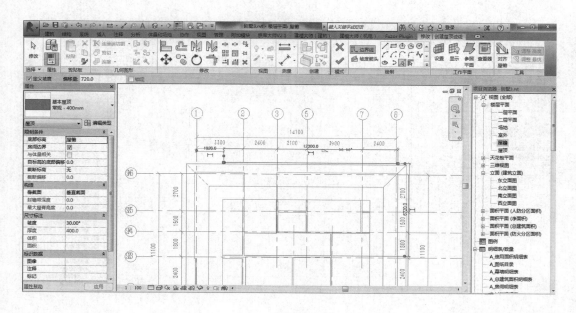

图 8-78

不需要放坡的线在属性中取消放坡，如图 8-79 所示。

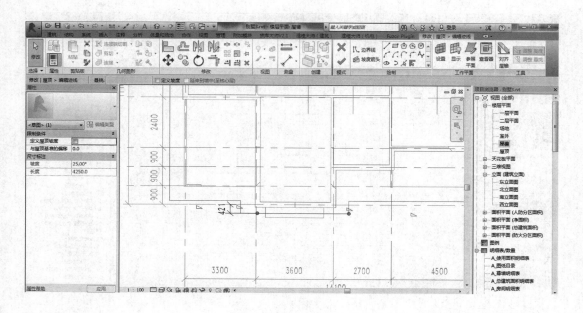

图 8-79

坡屋面的角度在属性中定义为 25°，如图 8-80 所示。

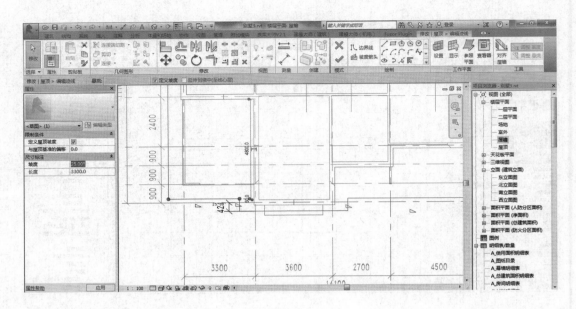

图 8-80

屋顶绘制完成，如图 8-81 所示。

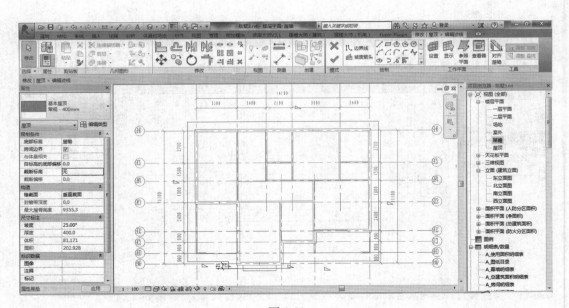

图 8-81

在修改创建编辑迹线选项卡中选择对勾完成编辑，如图 8-82 所示。
利用同样的方法绘制出一层的雨篷屋顶。

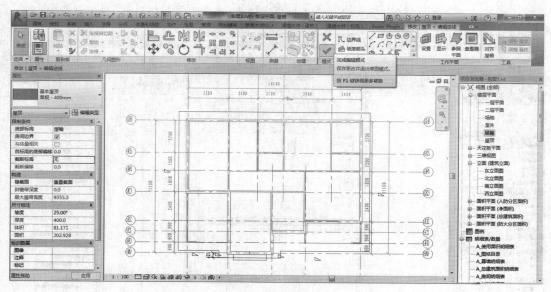

图 8-82

8.9　绘　制　坡　道

切换到一层平面。选项"建筑"选项卡→"坡道",如图 8-83 所示。

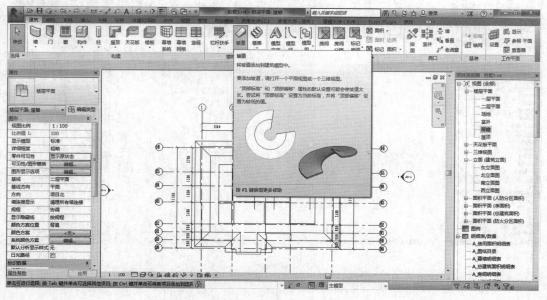

图 8-83

选择"属性"→"编辑类型",输入坡度系数为 5,宽度为 3300,如图 8-84 所示。

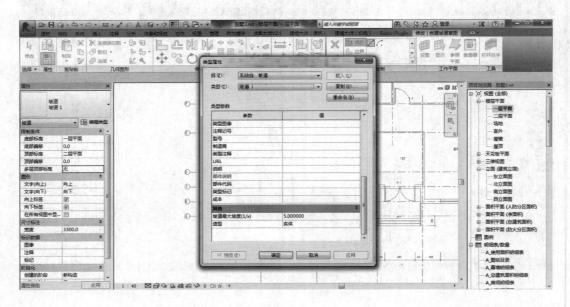

图 8-84

底部标高选择"室外",顶部标高选择"一层平面",如图 8-85 所示。

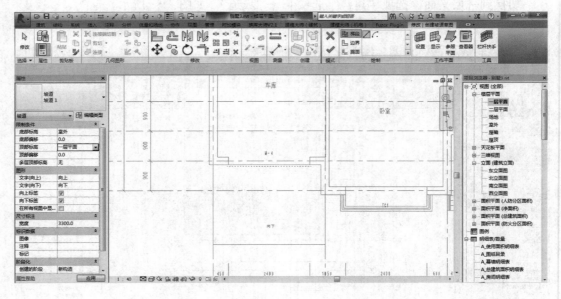

图 8-85

找到坡道的中心,绘制第一点到坡道的终点,如图 8-86 所示。

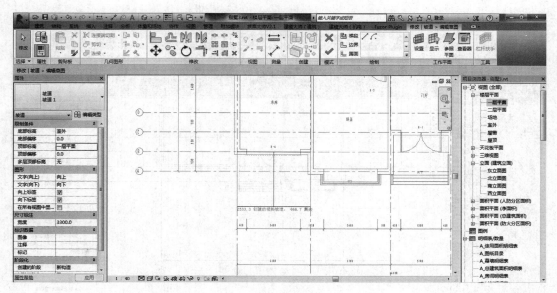

图 8-86

8.10　标　注　尺　寸

选择"注释"选项卡→"对齐"命令，如图 8-87 所示。

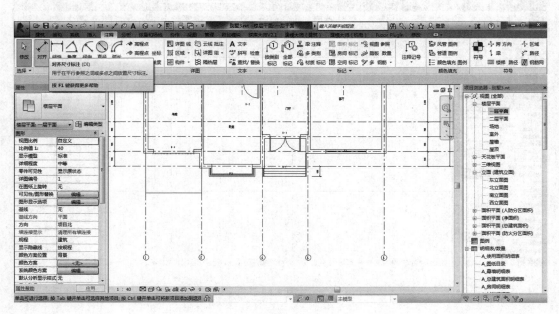

图 8-87

标注 1 轴到 8 轴的尺寸。先选择 1 轴，然后选择 8 轴，如图 8-88 所示。

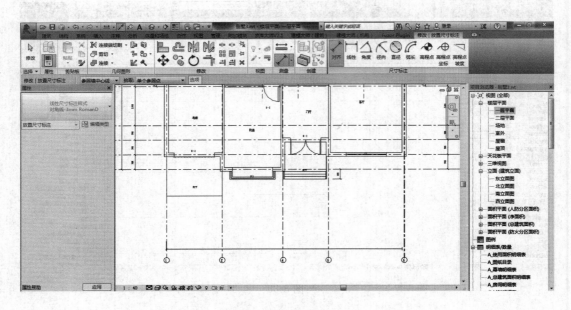

图 8-88

标注完成后自动出现尺寸，如图 8-89 所示。

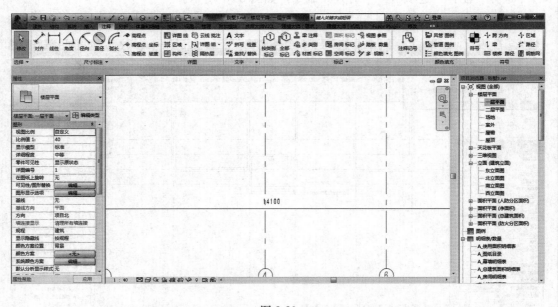

图 8-89

根据以上方法标注出一、二层所有需要标注的尺寸，如图 8-90 和图 8-91 所示。

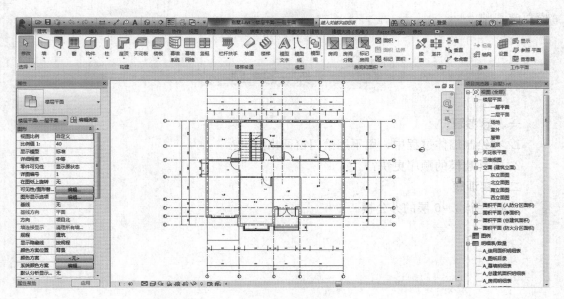

图 8-90

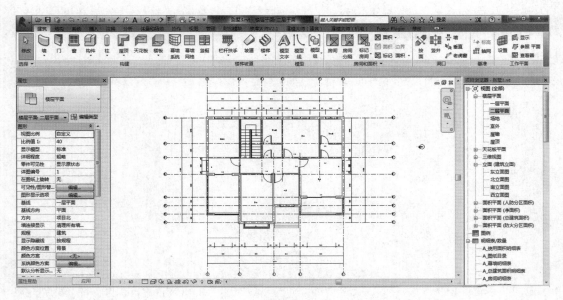

图 8-91

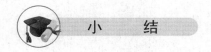

　　本章重点介绍了 Revit 2015 基础建模的全过程，标高轴网的建立。绘制墙体，绘制门窗，绘制楼板，绘制屋顶，绘制楼梯，标注尺寸。在对内容熟悉的基础上为以后的建

模奠定基础。

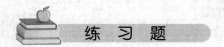

一、思考题

1. 在绘制墙体过程中，用不用给门窗留出洞口？

2. 哪种建模的顺序更快？

二、实训题

绘制一个 3~6 层的办公楼。

参 考 文 献

［1］李建成 . BIM 应用 . 导论 ［M］. 上海：同济大学出版社，2015.

［2］丁烈云 . BIM 应用 . 施工 ［M］. 上海：同济大学出版社，2015.

［3］刘广文，牟培超，黄铭丰 . BIM 应用基础 ［M］. 上海：同济大学出版社，2013.

［4］黄亚斌，王全杰，赵雪峰 . Revit 建筑应用实训教程 ［M］. 北京：化学工业出版社，2016.